建筑施工工程师技术丛书

现代预应力工程施工

（第二版）

杨宗放　李金根　编著

中国建筑工业出版社

图书在版编目（CIP）数据

现代预应力工程施工/杨宗放，李金根编著. —2版.
北京：中国建筑工业出版社，2007
（建筑施工工程师技术丛书）
ISBN 978-7-112-09741-8

Ⅰ. 现… Ⅱ. ①杨…②李… Ⅲ. 预应力结构-工程施工 Ⅳ. TU75

中国版本图书馆 CIP 数据核字（2007）第 175245 号

建筑施工工程师技术丛书
现代预应力工程施工
（第二版）
杨宗放　李金根　编著
*
中国建筑工业出版社出版、发行（北京西郊百万庄）
各地新华书店、建筑书店经销
霸州市顺浩图文科技发展有限公司制版
北京市兴顺印刷厂印刷
*

开本：850×1168毫米　1/32　印张：8⅜　字数：224千字
2008年4月第二版　2008年4月第四次印刷
印数：14601—17600册　定价：**18.00**元
ISBN 978-7-112-09741-8
（16405）

版权所有　翻印必究
如有印装质量问题，可寄本社退换
（邮政编码 100037）

本书系统地介绍现代预应力工程施工。内容包括预应力筋、预应力筋锚固体系、张拉设备、预应力施工计算、预应力施工工艺、混凝土结构预应力施工、特种混凝土结构预应力施工、钢结构预应力施工、预应力结构经济分析等。

本书可供预应力设计与施工人员，以及监理人员使用，也可供土建大专院校师生参考。

* * *

责任编辑：郦锁林
责任设计：赵明霞
责任校对：刘 钰 孟 楠

第二版出版说明

《现代预应力工程施工》自1993年初版发行以来，深受在施工生产第一线的建筑施工工程师的欢迎。这些工程技术人员常年担负着繁忙而复杂的工程任务，无暇博览群书。这套丛书帮助他们用有限的时间，学习建筑工程的新技术，更新自己的知识结构，更好地适应现代化建筑施工技术的要求。因此，这套丛书对于在职科技人员的继续教育，起了积极的作用。同时，这套丛书也成为大专院校土木工程专业学生的选修教材。

但是，本书第一版出版至今已经14年。这14年的时间，在改革开放大潮的推动下，我国的建筑事业蓬勃发展，兴建了许多高新建筑，促使新材料、新工艺、新技术不断涌现，并形成了许多新的成套技术。在此期间，国家颁发了新的设计、施工标准规范。这些新的变化，使本书第一版的内容已显得陈旧，不能满足建筑工程技术人员学习、更新知识的欲望。为此，我们组织了本书第二版的修订。

本书第二版，着重补充近几年我国建筑工程施工技术与管理方法的最新成果和成熟的施工经验，以及高新技术在建筑工程中的应用，适当介绍国外的最新技术，并按新颁国家标准、规范的要求进行修订。对第一版中存在的问题，本次修订时也尽可能一一作了订正。

我们希望本书第二版，继续对现场施工工程师们学习新技术有所裨益。同时，我们也欢迎广大读者对本套丛书的内容提出宝贵意见，以便我们改进。谢谢！

2007年12月

第一版出版说明

当前,新技术革命浪潮冲击着一切经济部门,建筑业也不例外。许多现代化的科学技术方法和管理手段正逐步地应用在建筑业中,取得了越来越大的经济效益。党的十一届三中全会以来,我国的建筑事业得到了蓬勃发展,各种现代化的建筑如雨后春笋,逐年增多。常年奔波在施工生产第一线的建筑施工工程师们,担负着繁重而复杂的施工任务。他们渴望学习新技术,提高业务水平;渴望更新自己的知识以适应现代化的要求。从科学技术的发展和四化建设的需要考虑,对在职科技人员进行继续教育的重要性和迫切性也日益突出。为些,我们组织出版了这套丛书,希望这套书能对他们有所裨益,并在工程实践中广泛应用新技术,建造出更多优良的工程,取得更佳的经济效益。

城乡建设环境保护部曾委托同济大学、重庆建筑工程学院、哈尔滨建筑工程学院从一九八一年开始举办建筑施工工程师进修班。这套丛书就是根据这些班的教学内容,结合当前施工技术的发展,将施工新技术、新材料、新结构的课题适当加多,以同济大学的老师为主组织编写的。可作为工程师进修班的教材,也可作为建筑施工工程师和有关人员自学丛书。计划列题十余种,三年左右出齐。成书时尽量做到内容完整系统,文字叙述深入浅出,以便于现场施工工程师和技术员自学。当然,书中的内容选材是否适当,能否满足读者的要求,还希望广大读者提出意见,以便我们改进。谢谢!

1993 年 6 月

第二版前言

现代预应力技术是我国建筑业重点开发和推广的项目。近10年来，随着我国国民经济的快速发展，现代预应力技术的应用范围日益扩大，预应力工程项目在建筑工程中所占的比重上升。预应力技术进步与创新主要有：高强度低松弛钢绞线、环氧涂层钢绞线、缓粘结钢绞线、塑料波纹管、真空辅助灌浆、孔道灌浆专用外加剂、体外预应力技术、预应力拉索技术等。最近几年，随着我国大跨度大型公共建筑的建设，预应力技术与钢结构结合，创造出斜拉结构、索桁结构、张弦结构、弦支穹顶等结构新体系，轻盈活泼，时代感强。

2001年以来，国家标准《建筑工程施工质量验收统一标准》GB 50300—2001和相关的《混凝土结构工程施工质量验收规范》GB 50204—2002等颁布，全面调整了建筑工程质量管理和验收方面的要求。由于预应力工程施工的专业性较强、技术含量较高、施工工艺复杂，工程建设标准化协会又组织东南大学华东预应力技术联合开发中心、中国建筑科学研究院结构所、北京市建筑工程研究院和上海市建筑科学研究院等单位编制了《建筑工程预应力施工规程》CECS 180：2005，指导预应力施工作业，提高预应力施工质量、推动预应力技术的发展。

本书顺应形势的发展，将原书《现代预应力混凝土施工》修改为《现代预应力工程施工》，内容包括建筑工程中混凝土结构和钢结构预应力施工。本书删除了原书一些陈旧及实用性差的内容，补充了上述预应力新材料、新技术、新工艺及质量验收要求。高强混凝土一节调整至本丛书"新型混凝土及其施工工艺"册内。

全书共分9章。第1~4章预应力筋、锚固体系、张拉设备和施工计算；第7章特种混凝土结构预应力施工及第8章钢结构预应力施工等由杨宗放编写；第5章预应力施工工艺、第6章混凝土结构预应力施工及第9章预应力结构经济分析等由李金根编写。

本书在再版编写过程中，有关设计、施工和科研单位提供了宝贵的技术资料，表示衷心的感谢。本书限于编者的水平和时间，难免会有不妥之处，恳切希望广大读者给予批评指正。

2007年11月

第一版前言

现代预应力混凝土,又称高效预应力混凝土,主要是指采用高强预应力钢材、高强混凝土为特征的预应力混凝土。这种预应力混凝土的节材效果大、结构功能质量好。在我国国民经济和社会发展十年规划及"八五"计划纲要中列为重点开发和推广的项目。

80年代,由于现代工业、交通、能源、商业和公用事业等发展的需要,高效预应力混凝土的出现,我国预应力技术从单个预制构件发展到预应力结构新阶段。几年来,在北京、上海、江苏、浙江、广东、湖南、四川等地陆续建造了一批大柱网预应力混凝土房屋结构、大跨度预应力混凝土桥梁结构、大型预应力混凝土特种结构等,取得了显著的综合经济效益。

几年来,通过预应力技术开发和工程实践,我国现代预应力混凝土材料与施工水平有了很大的提高。主要的新技术项目有:低松弛钢丝与钢绞线、钢绞线束群锚体系、大吨位张拉设备、金属波纹管留孔技术、后张预应力成套技术、无粘结预应力成套技术等。此外,所提出的预应力筋与孔道壁之间的反摩擦理论,为张拉阶段预应力损失和工艺计算奠定基础。

本书系统地介绍了现代预应力混凝土的新材料、新设备和新技术,并在这一基础上介绍了各类预应力混凝土结构的施工。此外,本书还增加了预应力混凝土结构构造与经济分析知识。

本书第二章第三节、第三章第一节和第五章第一节部分内容及第五章第三节由方先和同志编写,书中插图由刘群等同志绘制。

本书在编写过程中,有关设计、施工和科研单位提供了技术资料，特此表示衷心的感谢！

  本书限于作者的水平和时间，可能有错误或不妥之处，恳切希望读者批评与指正。

1993 年 6 月

目 录

1 预应力筋 ·· 1
　1.1 预应力筋品种和规格 ·· 1
　　1.1.1 预应力钢丝 ··· 1
　　1.1.2 预应力钢绞线 ·· 4
　　1.1.3 高强螺纹钢筋 ·· 8
　　1.1.4 预应力钢棒 ·· 11
　1.2 预应力筋性能 ·· 11
　　1.2.1 应力-应变曲线 ··· 11
　　1.2.2 应力松弛 ··· 12
　　1.2.3 应力腐蚀 ··· 13
　　1.2.4 温度影响 ··· 14
　1.3 涂层预应力筋 ·· 15
　　1.3.1 镀锌钢丝和镀锌钢绞线 ···································· 15
　　1.3.2 无粘结钢绞线 ·· 16
　　1.3.3 环氧涂层钢绞线 ·· 18
　　1.3.4 不锈钢绞线 ··· 19
　1.4 质量检验 ··· 19
　　1.4.1 预应力钢丝验收 ·· 19
　　1.4.2 预应力钢绞线验收 ·· 20
　　1.4.3 高强螺纹钢筋验收 ·· 21
　　1.4.4 涂层预应力筋验收 ·· 21
　1.5 装运和存放 ··· 22
2 预应力筋锚固体系 ·· 23
　2.1 性能要求 ··· 23
　　2.1.1 锚具基本性能 ·· 23

  2.1.2 夹具基本性能 …………………………………………… 25
  2.1.3 连接器基本性能 …………………………………………… 25
 2.2 钢绞线锚固体系 ………………………………………………… 26
  2.2.1 夹片锚固单元受力分析 …………………………………… 26
  2.2.2 单孔夹片锚固体系 ………………………………………… 27
  2.2.3 多孔夹片锚固体系 ………………………………………… 28
  2.2.4 扁形夹片锚固体系 ………………………………………… 31
  2.2.5 固定端锚固体系 …………………………………………… 32
  2.2.6 钢绞线连接器 ……………………………………………… 34
  2.2.7 环形锚具 …………………………………………………… 35
 2.3 钢丝束锚固体系 ………………………………………………… 36
  2.3.1 镦头锚固体系 ……………………………………………… 36
  2.3.2 单根钢丝夹具 ……………………………………………… 39
 2.4 高强螺纹钢筋锚固体系 ………………………………………… 40
  2.4.1 高强螺纹钢筋锚具 ………………………………………… 40
  2.4.2 高强螺纹钢筋连接器 ……………………………………… 41
 2.5 拉索锚固体系 …………………………………………………… 42
  2.5.1 钢绞线压接锚具 …………………………………………… 42
  2.5.2 冷（热）铸镦头锚具 ……………………………………… 43
  2.5.3 钢绞线拉索锚具 …………………………………………… 44
  2.5.4 钢棒拉杆锚具 ……………………………………………… 45
 2.6 质量检验 ………………………………………………………… 45
  2.6.1 检验项目与要求 …………………………………………… 45
  2.6.2 静载锚固性能试验 ………………………………………… 47
3 张拉设备 ……………………………………………………………… 50
 3.1 液压张拉千斤顶 ………………………………………………… 50
  3.1.1 穿心拉杆式千斤顶 ………………………………………… 50
  3.1.2 大孔径穿心千斤顶 ………………………………………… 51
  3.1.3 前置内卡式千斤顶 ………………………………………… 53
  3.1.4 开口式双缸千斤顶 ………………………………………… 55
  3.1.5 液压张拉装置 ……………………………………………… 56
  3.1.6 扁千斤顶 …………………………………………………… 57

3.2 电动油泵 ·· 58
　3.2.1 通用电动油泵 ·· 58
　3.2.2 小型电动油泵 ·· 59
　3.2.3 超高压变量油泵 ··· 61
　3.2.4 外接油管与油嘴 ··· 62
3.3 张拉设备标定与选用 ··· 63
　3.3.1 张拉设备标定 ·· 63
　3.3.2 张拉设备选用与张拉空间 ·· 65

4 预应力施工计算 ·· 67
4.1 曲线预应力筋坐标方程 ·· 67
　4.1.1 单抛物线形 ·· 67
　4.1.2 正反抛物线形 ·· 68
　4.1.3 直线与抛物线相切 ·· 68
4.2 预应力筋下料长度 ·· 69
　4.2.1 钢绞线束夹片锚固体系 ·· 69
　4.2.2 钢丝束镦头锚固体系 ··· 70
4.3 预应力筋张拉力 ··· 71
　4.3.1 张拉力 ·· 71
　4.3.2 有效预应力值 ·· 71
4.4 预应力损失 ·· 72
　4.4.1 孔道摩擦损失 ·· 72
　4.4.2 锚固损失 ··· 76
　4.4.3 弹性压缩损失 ·· 79
　4.4.4 预应力筋应力松弛损失 ·· 81
　4.4.5 混凝土收缩和徐变损失 ·· 81
4.5 预应力筋张拉伸长值 ··· 81
　4.5.1 计算公式 ··· 81
　4.5.2 公式应用 ··· 83
4.6 锚固区局部受压承载力验算 ·· 84
　4.6.1 局部受压区截面尺寸 ··· 84
　4.6.2 局部受压区承载力 ·· 85
4.7 计算示例 ·· 86

5 预应力施工工艺 … 93
5.1 后张法预应力施工 … 93
5.1.1 预应力筋孔道留设 … 94
5.1.2 预应力筋制作 … 104
5.1.3 预应力筋穿入孔道 … 108
5.1.4 预应力筋张拉 … 109
5.1.5 孔道灌浆 … 118
5.1.6 无粘结预应力施工 … 126
5.1.7 缓粘结预应力施工 … 129
5.1.8 端部切割与封固 … 133
5.2 先张法预应力施工 … 133
5.2.1 预应力构造要求 … 134
5.2.2 先张法台座 … 135
5.2.3 预应力筋铺设 … 142
5.2.4 预应力筋张拉 … 143
5.2.5 预应力筋放张 … 147
5.2.6 先张法预制构件 … 148
5.3 体外预应力施工 … 150
5.3.1 体外预应力束布置 … 150
5.3.2 体外预应力体系 … 152
5.3.3 体外预应力构造要求 … 152
5.3.4 体外预应力施工 … 154

6 混凝土结构预应力施工 … 155
6.1 预应力混凝土结构体系 … 155
6.1.1 部分预应力混凝土框架结构体系 … 155
6.1.2 无粘结预应力混凝土楼板结构体系 … 156
6.2 预应力筋布置 … 157
6.2.1 预应力筋布置原则 … 157
6.2.2 框架梁预应力筋布置 … 157
6.2.3 框架柱预应力筋布置 … 160
6.2.4 楼板预应力筋布置 … 161
6.3 锚固区构造 … 164

- 6.3.1 框架梁锚固区构造 ………………………………………… 164
- 6.3.2 框架柱锚固区构造 ………………………………………… 166
- 6.3.3 楼板锚固区构造 …………………………………………… 167
- 6.3.4 特殊部位构造 ……………………………………………… 167
- 6.3.5 减少约束影响的措施 ……………………………………… 169
- 6.4 现浇预应力混凝土结构施工 …………………………………… 171
  - 6.4.1 施工顺序 …………………………………………………… 171
  - 6.4.2 施工段划分 ………………………………………………… 174
  - 6.4.3 框架梁预应力施工 ………………………………………… 178
  - 6.4.4 框架柱预应力施工 ………………………………………… 180
  - 6.4.5 有关工序的配合要求 ……………………………………… 182
- 6.5 预制预应力混凝土结构施工 …………………………………… 184
  - 6.5.1 预制板柱结构整体预应力施工 …………………………… 184
  - 6.5.2 预制预应力装配整体式框架施工 ………………………… 188

7 特种混凝土结构预应力施工 ……………………………………… 196
- 7.1 环向预应力施工 ………………………………………………… 196
  - 7.1.1 环向预应力筋布置与构造 ………………………………… 196
  - 7.1.2 环向有粘结预应力施工 …………………………………… 199
  - 7.1.3 环向无粘结预应力施工 …………………………………… 200
  - 7.1.4 环锚张拉法 ………………………………………………… 201
- 7.2 竖向预应力施工 ………………………………………………… 203
  - 7.2.1 竖向预应力筋布置 ………………………………………… 203
  - 7.2.2 竖向孔道留设 ……………………………………………… 205
  - 7.2.3 预应力筋穿入孔道 ………………………………………… 206
  - 7.2.4 竖向预应力筋张拉 ………………………………………… 207
  - 7.2.5 竖向孔道灌浆 ……………………………………………… 207
- 7.3 双向预应力施工 ………………………………………………… 208
  - 7.3.1 蛋形消化池双向预应力施工 ……………………………… 208
  - 7.3.2 核电站安全壳双向预应力施工 …………………………… 211

8 钢结构预应力施工 ………………………………………………… 217
- 8.1 钢桁架预应力施工 ……………………………………………… 217
  - 8.1.1 预应力筋布置与构造 ……………………………………… 217

8.1.2 预应力筋张拉 …………………………………………… 220
　8.2 吊挂结构斜拉索施工 ……………………………………………… 221
　　8.2.1 斜拉索布置与端部构造 …………………………………… 221
　　8.2.2 斜拉索安装 ………………………………………………… 223
　　8.2.3 斜拉索张拉 ………………………………………………… 224
　8.3 张弦结构拉索施工 ………………………………………………… 225
　　8.3.1 大跨度预应力张弦桁架拉索施工 ………………………… 226
　　8.3.2 大型预应力弦支穹顶拉索施工 …………………………… 228
　8.4 钢拱架结构张拉成型法 …………………………………………… 231

9 预应力结构经济分析 …………………………………………… 234
　9.1 现代预应力结构的综合经济效益 ………………………………… 235
　　9.1.1 多层框架结构 ……………………………………………… 235
　　9.1.2 高层楼面结构 ……………………………………………… 236
　　9.1.3 单层屋面结构 ……………………………………………… 237
　9.2 部分预应力混凝土框架结构经济分析 …………………………… 237
　　9.2.1 设计资料 …………………………………………………… 238
　　9.2.2 预算价格 …………………………………………………… 238
　　9.2.3 经济分析 …………………………………………………… 238
　9.3 经济分析示例 ……………………………………………………… 244
　　9.3.1 预应力混凝土框架梁经济比较 …………………………… 244
　　9.3.2 预应力梁式钢屋盖结构技术经济比较 …………………… 246

主要参考文献 ……………………………………………………………… 249

1 预应力筋

预应力筋是施加预应力用的单根或成束钢丝、钢绞线、高强钢筋和钢棒的总称，简称力筋。预应力筋按粘结状态不同，又可分为有粘结预应力筋、无粘结预应力筋、缓粘结预应力筋等。有粘结预应力筋是张拉后直接与混凝土粘结或通过灌浆使之与混凝土粘结的一种预应力筋。无粘结预应力筋是表面涂防腐蚀润滑脂并外包塑料护套后，与周围混凝土不粘结的一种预应力筋。

1.1 预应力筋品种和规格

预应力筋按材料类型可分为：钢丝、钢绞线、钢筋和钢棒、非金属预应力筋等。其中，钢绞线用途最广。非金属预应力筋主要有碳纤维增强塑料筋（CFRP）、玻璃纤维增强塑料筋（GFRP）等，目前还处于开发研究阶段。

预应力筋的发展趋势为超高强、大直径、低松弛、高延性和耐腐蚀。

1.1.1 预应力钢丝

预应力钢丝是用优质高碳钢盘条经索氏体化处理、酸洗、镀铜或磷化后冷拔而成的钢丝总称。预应力钢丝用高碳钢盘条的含碳量为0.7%～0.9%。为了使高碳钢盘条能顺利拉拔，并使成品钢丝具有较高的强度和良好的韧性，盘条的金相组织应从珠光体变为索氏体。由于轧钢技术的进步，可采用轧后控制冷却的方法，直接得到索氏体化盘条。

预应力钢丝根据深加工要求不同，可分为冷拉钢丝和消除应

1

力钢丝两类。消除应力钢丝按应力松弛性能不同，又可分为普通松弛钢丝和低松弛钢丝。

预应力钢丝按表面形状不同，可分为光圆钢丝、刻痕钢丝和螺旋肋钢丝。

1. 冷拉钢丝

冷拉钢丝是经冷拔后直接用于预应力混凝土的光圆钢丝。其盘径基本等于拔丝机卷筒的直径，开盘后钢丝呈螺旋状，没有良好的伸长值。这种钢丝存在残余应力，屈强比低，伸长率小，仅用于铁路轨枕、压力水管、电杆等。

2. 消除应力钢丝（普通松弛型）

消除应力钢丝（普通松弛型）是冷拔后经高速旋转的矫直辊筒矫直，并经回火（350~400℃）处理的光圆钢丝。其盘径不小于 1.5m。钢丝经矫直回火后，可消除钢丝冷拔中产生的残余应力，提高钢丝的比例极限、屈强比和弹性模量，并改善塑性；同时获得良好的伸直性，施工方便。这种钢丝以往广泛应用，由于技术进步，已逐步向低松弛钢丝发展。

3. 消除应力钢丝（低松弛型）

消除应力钢丝（低松弛型）是冷拔后在张力状态下经回火处理的光圆钢丝。钢丝的张力为抗拉强度的 30%~50%，张力装置有以下两种：一是利用二组张力轮的速度差使钢丝得到张力[图 1-1（a）]；二是利用拉拔力作为钢丝的张力，即放线架上的半成品钢丝的直径要比成品钢丝的直径大；该钢丝通过冷拔机组中的拔丝模拉成最终产品[图 1-1（b）]。钢丝在热张力的状态下产生微小应变（约 0.9%~1.3%），从而使钢丝在恒应力下抵抗位错转移的能力明显提高，达到稳定化目的。

经稳定化处理的钢丝，弹性极限和屈服强度提高，应力松弛率大大降低。这种钢丝已在房屋、桥梁、市政、水利等大型工程中广泛应用。

4. 刻痕钢丝

刻痕钢丝是用冷轧或冷拔方法使钢丝表面产生周期变化的凹

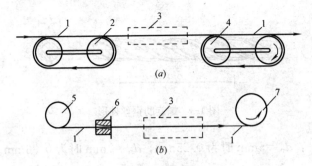

图 1-1 钢丝的稳定化处理
(a) 张力轮法；(b) 拉拔力法
1—钢丝；2—第一组张力轮；3—中频回火；4—第二组张力轮；
5—放线架；6—拔丝模；7—拉拔卷筒

痕或凸纹的钢丝。钢丝表面凹痕或凸纹可增加与混凝土的握裹力。这种钢丝适用于先张法预应力混凝土构件。

图 1-2 示出刻痕钢丝外形，其中一条凹痕倾斜方向与其他两条相反。刻痕深度 $a=0.12\sim0.15$mm，长度 $b=3.5\sim5.0$mm，节距 $L=5.5\sim8.0$mm。

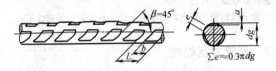

图 1-2 三面刻痕钢丝外形

5. 螺旋肋钢丝

螺旋肋钢丝是通过专用拔丝模冷拔方法使钢丝表面沿着长度方向上具有规则间隔肋条的钢丝。钢丝表面螺旋肋可增加与混凝土的握裹力。这种钢丝适用于先张法预应力混凝土构件。

图 1-3 示出螺旋肋钢丝外形，每段螺旋肋导程 $c=30\sim40$mm，有4条螺旋肋。单肋宽度 a：公称直径 $d_n=5$mm 时为 $1.30\sim1.70$mm，$d_n=7$mm 时为 $1.80\sim2.20$mm。单肋高度

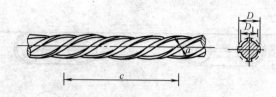

图 1-3 螺旋肋钢丝外形

$\dfrac{D-D_1}{2}$：$d_n=5mm$ 时为 0.25mm，$d_n=7mm$ 时为 0.36mm。

预应力钢丝的规格与力学性能应符合国家标准《预应力混凝土用钢丝》(GB/T 5223—2002)的规定，见表 1-1～表 1-3。

常用光圆钢丝的直径、横截面积和重量　　　表 1-1

公称直径 d_n(mm)	直径允许偏差 (mm)	公称横截面积 (mm²)	参考重量 (kg/m)
5.00		19.63	0.154
6.00	±0.05	28.27	0.222
7.00		38.48	0.302

注：1. 钢丝直径最大可达 12mm；
　　2. 刻痕钢丝和螺旋肋钢丝的横截面积、重量与光圆钢丝相同。

1.1.2 预应力钢绞线

预应力钢绞线是由多根冷拉钢丝在绞线机上成螺旋形捻制，并经消除应力而成。钢绞线的整根破断力大，柔性好，施工方便，具有广阔的发展前景。

预应力钢绞线按捻制结构不同可分为：1×2 钢绞线、1×3 钢绞线和 1×7 钢绞线等，见图 1-4。1×7 钢绞线是由 6 根外层钢丝围绕着一根中心钢丝（直径加大 2.5%）绞成，用途广泛。1×2 钢绞线和 1×3 钢绞线仅用于先张法预应力混凝土构件。钢绞线根据深加工要求不同又可分为：标准型钢绞线、刻痕钢绞线和模拔钢绞线。

表 1-2 常用冷拉钢丝的力学性能

公称直径 d_n (mm)	抗拉强度 σ_b (MPa)	规定非比例伸长应力 $\sigma_{p0.2}$ (MPa)	最大力下总伸长率 ($L_0=200$mm) δ(%)	弯曲次数 次/180°	弯曲半径 R(mm)	断面收缩率 ψ(%)	每210mm扭距的扭转次数 n	初始应力相当于70%公称抗拉强度时,1000h应力松弛率(%)
			不小于			不小于		不大于
4.00	1570	1180	1.5	4	10	35	8	8
5.00	1670	1250	1.5	4	15	35	8	8
6.00	1770	1330	1.5	5	15	30	7	8
7.00				5	20	30	6	8

注:1.规定非比例伸长应力 $\sigma_{p0.2}$ 值不小于公称抗拉强度的75%。
2.对压力管道用钢丝还需进行断面收缩率、扭转次数、松弛率等检验。

常用消除应力光圆及螺旋肋钢丝的力学性能   表1-3

公称直径 d_n (mm)	抗拉强度 σ_b (MPa)	规定非比例伸长应力 $\sigma_{p0.2}$ (MPa)		最大力下总伸长率 δ(%) (L_0=200mm)	弯曲次数 次/180°	弯曲半径 R(mm)	应力松弛性能			
		WLR	WNR	不小于			初始应力相当于公称抗拉强度的百分比(%)	1000h应力松弛率(%) 不大于		
									WLR	WNR
5.00	1670	1470	1410	3.5	4	15	对所有规格			
5.00	1770	1560	1500				60		1.0	4.5
5.00	1860	1640	1580				70		2.0	8.0
6.00	1570	1380	1330			15	80		4.5	12.0
6.00	1670	1470	1410							
7.00	1770	1560	1500			20				

注：1. 规定非比例伸长应力 $\sigma_{p0.2}$ 值对低松弛钢丝 WLR 应不小于公称抗拉强度的 88%，对普通松弛钢丝 WNR 应不小于公称抗拉强度的 85%。

2. 弹性模量为 $(2.05\pm0.1)\times10^5$ MPa，但不作为交货条件。

3. 刻痕钢丝弯曲次数不小于3次，d_n=6.0mm 时 R=20mm。

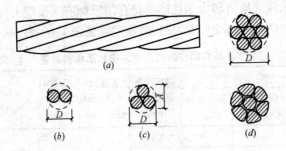

图 1-4 预应力钢绞线

(a) 1×7 钢绞线；(b) 1×2 钢绞线；(c) 1×3 钢绞线；(d) 模拔钢绞线

1. 标准型钢绞线

标准型钢绞线是由冷拉光圆钢丝捻制并经稳定化处理制成，称为低松弛钢绞线。低松弛钢绞线的稳定化处理与低松弛钢丝的张力轮法相同。

2. 刻痕钢绞线

刻痕钢绞线是由刻痕钢丝捻制并经稳定化处理制成，可增加钢绞线与混凝土的握裹力。

3. 模拔钢绞线

模拔钢绞线是在捻制成型后，再经模拔处理制成［图 1-4 (d)］。这种钢绞线内的各根钢丝为面接触，使钢绞线的密度提高约 18%。在相同截面面积时，该钢绞线的外径较小，可减少孔道直径；且与锚具的接触面较大，易于锚固。

预应力钢绞线的捻距为钢绞线公称直径的 12~16 倍。钢绞线的捻向，如无特殊规定，则为左（S）捻，钢绞线切断后应不松散或可以不困难地捻正到原来的位置。

4. 预应力钢绞线新发展

近年来，预应力钢绞线在国标的基础上有了新发展。天津钢线钢缆集团公司等单位将 $\phi^S 17.8$ 钢绞线强度提高至 2000MPa，并研制出 1×7—$\phi^S 21.6$ 钢绞线新产品，强度为 1860MPa，正在研制的还有 1×19—$\phi^S 28.6$ 大直径钢绞线，以适应市场需要。

钢绞线的规格和力学性能应符合国家标准《预应力混凝土用钢绞线》(GB/T 5224—2003)的规定,见表1-4～表1-6。

1×3结构钢绞线的尺寸、横截面积和重量　　　表1-4

钢绞线结构	公称直径		钢绞线测量尺寸A (mm)	测量尺寸A允许偏差(mm)	横截面积 S_n (mm²)	参考重量 (kg/m)
	钢绞线直径D(mm)	钢丝直径d(mm)				
1×3	8.60	4.00	7.46	+0.20 −0.10	37.7	0.296
	10.80	5.00	9.33		58.9	0.462
	12.90	6.00	11.20		84.8	0.666
1×3I	8.74	4.05	7.56		38.6	0.303

注：I为刻痕钢绞线。

常用1×7结构钢绞线的尺寸、横截面积和重量　　　表1-5

钢绞线结构	公称直径 D (mm)	直径允许偏差 (mm)	横截面积 S_n (mm²)	钢绞线参考重量 (kg/m)	中心钢丝直径加大范围(%) 不小于
1×7	12.70	+0.40 −0.20	98.7	0.775	2.5
	15.20		140	1.101	
	15.70		150	1.178	
	17.80		190	1.500	
(1×7)C	12.70	+0.40 −0.20	112	0.890	
	15.20		165	1.295	
	18.00		223	1.750	

注：C为模拔钢绞线

1.1.3 高强螺纹钢筋

高强螺纹钢筋,也称精轧螺纹钢筋,是一种用热轧方法在整根钢筋表面上轧出不带纵肋而横肋为不连接的梯形螺纹的直条钢筋,见图1-5。该钢筋在任意截面处都能拧上带内螺纹的连接器进行接长,或拧上特制的螺母进行锚固,施工方便,主要用于房屋、桥梁与构筑物等直线筋。

表 1-6 常用低松弛钢绞线的力学性能

钢绞线结构	钢绞线公称直径 D (mm)	抗拉强度 σ_b (MPa)	整根钢绞线的最大力 F_b (kN)	规定非比例伸长力 $F_{P0.2}$ (kN)	最大力下总伸长率 ($L_0 \geq 400mm$) (%)	应力松弛性能 初始负荷相当于公称最大力的百分比 (%)	应力松弛性能 1000h应力松弛率 (%)
			不小于				不大于
1×3	8.60	1860	70.1	63.1		60	1.0
		1960	73.9	66.5			
	10.80	1860	110	99.0			
		1960	115	104			
	12.90	1860	158	142			
		1960	166	149			
1×3I	8.74	1670	64.5	58.1			
		1860	71.8	64.6			
	12.70	1860	184	166		70	2.5
		1960	193	174	3.5		
1×7	15.20	1860	260	234			
		1960	274	247			
	15.70	1770	268	239			
		1860	279	251			
		1720	327	294		80	4.5
	17.80	1860	353	318			
1×7C	12.70	1860	208	187			
	15.20	1820	300	270			
	18.00	1720	384	346			

注: 1. 非比例伸长力 $F_{P0.2}$ 不小于整根钢绞线公称最大力的90%。
2. 钢绞线弹性模量为 $(1.95\pm 0.1)\times 10^5$ MPa,但不作为交货条件。

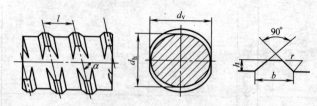

图 1-5 高强螺纹钢筋外形

高强螺纹钢筋的规格和力学性能应符合国家标准《预应力混凝土用螺纹钢筋》(GB/T 20065—2006) 的规定,见表 1-7 与表 1-8。

高强螺纹钢筋的外形尺寸、重量及允许偏差　　表 1-7

公称直径(mm)		18	25	32	40	50
基圆直径(mm)	D_h	18±0.4	25±0.4	32±0.5	40±0.6	50±0.6
	d_V	18+0.4 −0.8	25+0.4 −0.8	32+0.4 −1.2	40+0.5 −1.2	50+0.5 −1.2
螺纹高 h(mm)		1.2±0.3	1.6±0.3	2.0±0.4	2.5±0.5	3.0+0.5 −1.0
螺纹底宽 b(mm)		4.0±0.5	6.0±0.5	7.0±0.5	8.0±0.5	9.0±0.5
螺距 t		9.0+0.2	12.0+0.3	16.0+0.3	20.0+0.4	24.0+0.4
螺纹根弧 r(mm)		1.0	1.5	2.0	2.5	2.5
导角 α		80°42′	81°19′	80°40′	80°29′	81°19′
公称截面积(mm²)		254.5	490.9	804.2	1256.6	1963.5
理论重量(kg/m)		2.11	4.10	6.65	10.34	16.28

高强螺纹钢筋的力学性能　　表 1-8

级别	屈服强度 $R_{0.1}$(MPa)	抗拉强度 R_m(MPa)	断后伸长率(%)	最大力下总伸长率(%)	1000h应力松弛率(%)
		不小于			不大于
PSB785	785	980	7.0	3.5	初始应力 80%$R_{0.1}$时 ≤3
PSB830	830	1030	6.0		
PSB930	930	1080	6.0		
PSB1080	1080	1230	6.0		

注:1. 无明显屈服时,用规定非比例伸长强度 $R_{p0.2}$ 代替。
2. 供方在保证钢筋 1000h 松弛性能的基础上,可进行 10h 松弛试验,80% $R_{0.1}$ 时≤1.5%。
3. 高强螺纹钢筋弹性模量为 $2.0×10^5$ MPa。

1.1.4 预应力钢棒

预应力钢棒是由优质碳素结构钢、低合金高强度结构钢等材料经热处理后制成的一种光圆钢棒。其直径为 $\phi20\sim\phi100$ 时，级差为 5mm；直径为 $\phi100\sim\phi200$ 时，级差为 10mm。钢棒屈服强度分为 235、345、460、550 和 $650N/mm^2$ 五种级别，其抗拉强度相应为 375、470、610、750 和 $850N/mm^2$；伸长率相应为 21%、21%、19%、17% 和 15%。钢棒两端装有耳板或叉耳、中间装有调节套筒组成钢拉杆，见图 2-20，这种钢拉杆广泛用于大跨度空间钢结构、船坞、码头、坑道等领域。随着科技发展和工程需要，国内正在开发更高级别的钢拉杆（如 $1080N/mm^2$）。国家标准《钢拉杆》将于 2008 年颁布。

1.2 预应力筋性能

1.2.1 应力-应变曲线

预应力筋钢丝和钢绞线属于硬钢性质，高强钢筋和钢棒仍属软钢性质。下面重点介绍钢丝和钢绞线的应力-应变特性。

钢丝或钢绞线的应力-应变曲线，见图 1-6。当钢丝拉伸到超过比例极限 σ_P 后，σ-ε 关系呈非线性变化。由于预应力钢丝或钢绞线没有明显的屈服点。一般以残余应变为 0.2% 时的强度定为屈服强度 $\sigma_{0.2}$。当钢丝拉伸超过 $\sigma_{0.2}$ 后，应变 ε 增加较快，当钢丝拉伸至最大应力 σ_b 时，应变 ε 继续发展，在 σ-ε 曲线上呈现为一水平段，然后断裂。

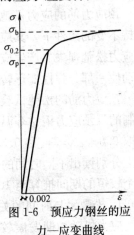

图 1-6 预应力钢丝的应力—应变曲线

屈服强度：国际上还没有一个统

一标准。例如，国际预应力协会取残余应力为 0.1%时的应力作为屈服强度 $\sigma_{0.1}$，我国和日本取残余应力为 0.2%时的应力作为屈服强度 $\sigma_{0.2}$，美国取加载 1%伸长时的应力作为屈服强度 $\sigma_{1\%}$。因此，当遇到这一术语时应注意其确切的定义。

总伸长率 δ：表示预应力筋拉断时的应变，其数值与所取用的量测标距有关。对钢丝（$L_0 = 200\text{mm}$）与钢绞线（$L_0 = 400\text{mm}$），国标统一规定 $\delta \geqslant 3.5\%$。近几年来，新华金属制品股份有限公司等单位生产的钢丝和钢绞线，其伸长率达到 5%～7%，改善了延性。

20 世纪 90 年代新华金属制品股份有限公司生产的低松弛钢绞线的拉伸试验数据见表 1-9。

高强度低松弛钢绞线的拉伸试验数据 表 1-9

品种规格	根数	σ_p	$\sigma_{1\%}$	σ_b (N/mm²)	ε_p (%)	$\varepsilon_{0.2}$ (%)	ε_b (%)
$\phi^S 15.2$	21	$0.80\sigma_b$	$0.91\sigma_b$	1944	0.82	1.12	5.7
$\phi^S 12.7$	20	$0.81\sigma_b$	$0.92\sigma_b$	1914	0.78	—	6.6

1.2.2 应力松弛

预应力筋的应力松弛是指力筋受到一定的张拉力后，在长度保持不变的条件下，其应力随时间逐步降低的现象。此降低值称为应力松弛损失。产生应力松弛的原因主要是由于金属内部位错运动使一部分弹性变形转化为塑性变形引起的。

预应力筋的松弛试验，应按国标预应力协会（FIP）等单位编制的《预应力钢材等温松弛试验实施规程》进行。试件的初应力取 $0.6\sigma_b$、$0.7\sigma_b$ 和 $0.8\sigma_b$，环境温度为 $20\pm1℃$，在松弛试验机上分别读出不同时间的松弛损失率，试验应持续 1000h 或持续一个较短的期间推算至 1000h 的松弛率。

1. 松弛率与时间的关系

应力松弛初期发展较快，第一小时相当于 1000h 的 15%～

35%，以后逐渐减慢。对试验数据进行回归分析得出：钢丝应力松弛损失率 $R_t = A\lg t + B$ 与时间 t 有较好的对数线性关系。一年松弛损失率相当于 1000h 的 1.25 倍，50 年松弛损失率为 1000h 的 1.725 倍。

2. 松弛率与钢种的关系

钢丝和钢绞线的应力松弛率比高强钢筋和钢棒大。采用低松弛钢丝和钢绞线，可减少松弛损失 70%～80%。

3. 松弛率与初应力的关系

初应力大，松弛损失也大。当 $\sigma_i > 0.7\sigma_b$ 时，松弛损失率明显增大，呈非线性变化。当 $\sigma_i \leqslant 0.5\sigma_b$ 时，松弛损失率可忽略不计。

4. 松弛率与温度的关系

随着温度的升高，松弛损失率会急剧增加。根据国外试验资料，40℃时 1000h 松弛损失率约为 20℃时的 1.5 倍。若按短期松弛进行外推，可以认为 40℃条件下的松弛总损失和 20℃条件下的松弛总损失是相等的。这是由于在较高温度之下的松弛提前出现的缘故。

1.2.3 应力腐蚀

预应力筋的应力腐蚀是指力筋承受拉应力情况下，由于腐蚀介质作用而发生的腐蚀现象。应力腐蚀破裂的发生过程，可分为二个阶段。第一阶段由于钢材表面的损伤、麻坑及环境中存在活性离子如（Cl^-），在拉应力作用下引起钢材表面的钝化膜局部破裂，使新鲜表面与腐蚀介质接触发生局部的电化学腐蚀，形成蚀孔出现应力集中，产生微裂缝。第二阶段在裂缝内形成独特的所谓"闭塞电池腐蚀"，拉应力阻止了裂缝尖端生成保护膜或使膜不断破裂。电化学反应产生的氢，渗入裂缝前缘使材质脆化，加速裂缝沿晶界向纵深发展。应力腐蚀破裂的特征是钢材在远低于破坏应力的情况下发生断裂，事先无预兆而突发性，断口垂直于拉力。钢材的冶金成分和晶体结构直接影响抗腐蚀性能。高强预应力钢材的强度高、变形低、直径小，对应力腐蚀较为敏感。

根据天津港湾工程研究所报导，结合海洋环境，对 $\phi^S 12$ 钢绞线进行下列二项耐腐蚀试验。

(1) 钢绞线裸露试验：利用预应力锚杆中的钢绞线在拉应力作用下，裸露在海洋大气中 1 年，测得其强度降低至原始强度的 51.4%～63.2%。说明钢绞线裸露或保护层局部破损，应力腐蚀很严重。

(2) 预应力混凝土小梁暴露试验：小梁的尺寸为 200mm×300mm×3000mm，受拉区配置 3ϕ^S12 钢绞线。张拉控制应力为 1120MPa。力筋保护层为 30mm 和 50mm 两种，先张法预制。置于青岛水位变动区进行试验。历时 3 年半，保护层保持良好。从力学试验破断后的梁中取出钢绞线，进行外观检查和力学性能试验，并与原钢绞线比较，其外观和抗拉强度均无明显变化。说明预应力构件的保护层厚度足够，混凝土密实、钢绞线不会产生应力腐蚀现象。

1.2.4 温度影响

1. 高温影响

东南大学对高温下预应力钢丝性能变化进行试验研究。试件采用 $\phi^P 5$ 钢丝，强度为 1670MPa。升温设备采用圆筒状炉膛电阻炉。在室温 20℃、100℃、200℃、300℃、400℃、500℃和 600℃共 7 个温度点下，测试了钢丝的抗拉强度、屈服强度和弹性模量。每个温度点张拉 3 根试件，共计 21 根试件。试验结果得出，预应力钢绞线在各种温度下的性能与在室温 20℃下的性能比值列于表 1-10。

高温下预应力钢丝性能变化　　　　表 1-10

测试项目	200℃	400℃	600℃
抗拉强度	88.78%	55.2%	14.24%
屈服强度	86.61%	56.18%	12.80%
弹性模量	91.89%	71.66%	39.30%

注：升温至 100℃时，上述性能变化很小。

从表1-10的数据可以看出，升温超过200℃，钢丝的强度与弹性模量降低很快，这对结构防火很不利。根据有关报导，高强钢筋和钢棒在超过350℃之后才出现强度下降现象，比钢丝和钢绞线防火性能好。

2. 低温影响

当温度从20℃降至-200℃（如液化天然气罐）时，预应力筋的抗拉强度提高5%～10%，屈服强度提高约20%，但塑性和抗冲击能力有所下降，没有出现冷脆现象。

1.3 涂层预应力筋

涂层预应力筋是在裸露的预应力筋表面上涂（镀）一层防腐蚀材料制成。近几年来，这类新材料有较大的发展。

1.3.1 镀锌钢丝和镀锌钢绞线

镀锌钢丝是用热镀方法在钢丝表面镀锌制成。镀锌钢绞线的钢丝应在捻制钢绞线前进行热镀锌。镀锌钢丝和钢绞线抗腐蚀能力强，主要用于缆索、体外索及环境条件恶劣的工程结构等。镀锌钢丝应符合国家标准《桥梁缆索用热镀锌钢丝》(GB/T 17101)的规定，镀锌钢绞线应符合行业标准《高强度低松弛预应力热镀锌钢绞线》（YB/T 152）的规定。

1. 品种规格

镀锌钢丝的直径为5、7mm，强度级别为1570、1670、1770MPa。

镀锌钢绞线的直径为12.5、12.9、15.2、15.7mm，强度级别为1770、1860MPa。钢丝和钢绞线经热镀锌后，其屈服强度稍为降低。

2. 镀锌层

单位面积的镀锌层重量应为190～350g，相当于锌层的平均厚度为27～50μm。

锌层附着力是根据镀锌钢丝或镀锌钢绞线中心钢丝的缠绕试

验来检验。缠绕用芯杆的直径为钢丝直径的 5 倍,紧密缠绕 8 圈后,螺旋圈的锌层外面应没有剥落。

锌层均匀性是将镀锌钢丝试件二次浸入(每次时间为 60s)硫酸铜溶液,没有出现光亮沉积层和橙红色铜的粘附。

锌层表面质量应具有连续的锌层,光滑均匀,无局部脱锌、露铁等缺陷,但允许有不影响锌层质量的局部轻微刻痕。

1.3.2 无粘结钢绞线

无粘结钢绞线是用防腐润滑油脂涂敷在钢绞线表面上并外包塑料护套制成(图 1-7),主要用于后张预应力混凝土结构中的无粘结预应力筋,也可用于暴露或腐蚀环境中的体外索、拉索等。无粘结钢绞线应符合行业标准《无粘结预应力钢绞线》(JG 161—2004)的规定。

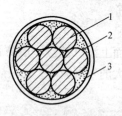

图 1-7 无粘结钢绞线
1—钢绞线;2—油脂;
3—塑料护套

1. 材料要求

1) 钢绞线规格选用 1×7 结构,直径有 12.7、15.2 及 15.7mm 等。其质量应符合国家标准《预应力混凝土用钢绞线》GB/T 5224—2003 的要求。

2) 防腐润滑油脂应具有良好的化学稳定性,对周围材料无侵蚀作用;不透水、不吸湿;抗腐蚀性能强;润滑性能好,摩擦阻力小;在规定温度范围内高温不流淌、低温不变脆;并有一定韧性。其质量应符合行业标准《无粘结预应力筋专用防腐润滑脂》(JG 3007)的要求。

3) 护套材料应采用高密度聚乙烯树脂,其质量应符合国家标准《高密度聚乙烯树脂》GB 11116 的规定。

护套颜色宜采用黑色,也可采用其他颜色,但此时添加的色母材料不能损伤护套的性能。

2. 生产工艺

钢绞线油脂层涂敷及护套制作，应采用挤塑涂层工艺一次完成。其工艺设备主要由放线索盘、给油装置、塑料挤出机、水冷装置、牵引机、收线机等组成，见图1-8。钢绞线经给油装置涂油后通过塑料挤出机的机头出口处，塑料熔融被挤成管状包覆在钢绞线上，经冷却水槽使塑料护套硬化，形成无粘结钢绞线。

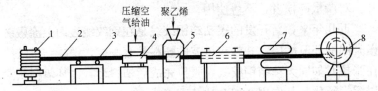

图1-8 挤塑涂层工艺生产线

1—放线盘；2—钢绞线；3—滚动支架；4—给油装置；
5—塑料挤出机；6—水冷装置；7—牵引机；8—收线装置

塑料挤出机的机头是该工艺的关键部件。塑料熔融物与钢绞线在机头中各走各的通道，塑料护套只在机头出口处直接在钢绞线上成型。由于塑料软化点与油脂滴点温度非常接近，所以在成型过程中必须保证熔融物经过机头时油脂不流淌；同时，还应保证成型塑料护套与涂油钢绞线有一定间隙，以便涂油钢绞线能在塑料护套内任意抽动，减少张拉时摩擦损失。挤出机的塑料挤出速度与制品成型速度必须协调一致，以免影响塑料护套厚度。

3. 质量要求

预应力钢绞线的力学性能，经检验合格后，方可制作无粘结预应力筋。

产品外观：油脂饱满，护套光滑、无裂缝，无明显褶皱。

油脂用量：对$\phi^S 12.7$、$\phi^S 15.2$、$\phi^S 15.7$钢绞线相应不小于43、50、53g/m。

护套厚度：对一、二类环境不应小于1.0mm，对三类环境应按设计要求确定。

油脂用量与护套厚度测量方法：取1m长的无粘结钢绞线，

用精度不低于 1.0g 的天平称重量（W_1）；然后除净护套及钢绞线上的油脂，称其重量（W_2），每 m 钢绞线油脂重量 $W_3 = W_1 - W_2$；护套厚度用游标卡尺在其每端截面各均匀测量 3 点，取其最小值。

无粘结钢绞线护套轻微破损，可采用外包防水塑料胶带修补。对严重破损者，不得使用。

近几年来，新开发的缓粘结钢绞线是在钢绞线表面上涂敷缓慢凝固的环氧涂层，并外包压波的塑料护套制成。缓凝结钢绞线在张拉时如同无粘结钢绞线，张拉完成后塑料套管内环氧树脂涂层缓慢硬化，其作用又如有粘结钢绞线。

1.3.3 环氧涂层钢绞线

环氧涂层钢绞线是通过静电喷涂使每根钢丝周围形成一层环氧保护膜制成，见图 1-9 (a)，涂层厚度 0.12～0.18mm。该保护膜对各种腐蚀环境具有优良的耐蚀性，同时这种钢绞线具有与母材相同的强度特性和粘结强度，且其柔软性与喷涂前相同。

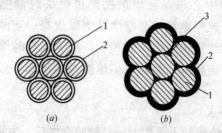

图 1-9 环氧涂层钢绞线
(a) 环氧涂层；(b) 环氧涂层填充型
1—钢绞线；2—环氧树脂涂层；3—填充环氧树脂

近年，环氧涂层钢绞线进一步发展成为环氧涂层填充型钢绞线，见图 1-9 (b)，涂层厚度为 0.4～1.2mm。其特点是中心丝与外围 6 根边丝间的间隙全部被环氧树脂填充，从而避免了因钢丝间存在毛细现象而导致内部钢丝锈蚀。由于钢丝间隙无相对滑动，提高了抗疲劳性能。

环氧涂层填充型钢绞线具有良好的耐蚀性和粘附性，直至钢绞线拉伸至破断，环氧层未剥离。适用于腐蚀环境下的先张或后张构件、海洋构筑物、体外索、拉索等。根据有关试验资料，摩擦系数 $\kappa=0.004$、$\mu=0.3$。锚具内缩值为9mm。

1.3.4 不锈钢绞线

建筑用不锈钢绞线，也称不锈钢索，是由一层或多层圆形不锈钢丝绞合而成，适用于玻璃幕墙等结构拉索，也可用于栏杆等装饰工程。其产品质量应符合行业标准《建筑用不锈钢绞线》的规定。

国产建筑用不锈钢索按构造类型，可分为 1×7、1×9、1×37、1×61 等。其公称直径 d 为 $6\sim10$mm（1×7）、$6\sim16$mm（1×19）、$18\sim24$mm（1×37）、$26\sim38$mm（1×61）等；公称截面面积 $=\frac{\pi d^2}{4}\times 0.788\sim 0.755$。

国产建筑用不锈钢索按强度级别，可分为 1300MPa 和 1000MPa。其最小拉断力 $F_b=\sigma_b\times A\times 0.86$，其中 σ_b——钢丝抗拉强度，弹性模量为 $(1.20\pm 0.10)\times 10^5$ MPa。

成品钢索中所有钢丝应处于自然位置，切断钢索时钢丝头应在原位，或可用手复位。成品钢索应紧密、光滑、清洁且色泽均匀。

不锈钢索检验时，可采用压接头测试整根拉断力；也可用绞后单丝测试，取钢丝总拉力的 86% 为最终结果。

1.4 质量检验

预应力筋出厂时，在每捆（盘）上都挂有标牌，并附有出厂质量证明书。预应力筋进场时，应按下列规定验收。

1.4.1 预应力钢丝验收

1. 外观检查

预应力钢丝的外观质量,应逐盘检查。钢丝表面不得有油污、氧化铁皮、裂纹或机械损伤,但表面允许有浮锈和回火色。钢丝直径检查,按10%盘选取,但不得少于6盘。

2. 力学性能试验

钢丝的力学性能,应抽样试验。每验收批应由同一牌号、同一规格、同一生产工艺制度的钢丝组成,重量不大于60t。

钢丝外观检查合格后,从同一批中任意选取10%盘(不少于6盘)钢丝,每盘在任意位置截取二根试件:一根做拉伸试验(抗拉强度与伸长率),一根做反复弯曲试验。如有某一项试验结果不符合《预应力混凝土用钢丝》(GB/T 5223—2002)标准的要求,则该盘钢丝为不合格品;再从同一批未经试验的钢丝盘中取双倍数量的试件进行复验,如仍有一项试验结果不合格,则该批钢丝判为不合格品,或逐盘检验取用合格品。

对设计文件有指定要求的疲劳性能、可镦性等,应再进行抽样试验。

1.4.2 预应力钢绞线验收

1. 外观检查

钢绞线的外观质量,应逐盘检查。钢绞线的捻距应均匀,切断后不松散,其表面不得带有油污、锈斑或机械损伤,但允许有浮锈和回火色。

2. 力学性能试验

钢绞线的力学性能,应抽样检验。每验收批应由同一牌号、同一规格、同一生产工艺制度的钢绞线组成,重量不大于60t。

钢绞线外观检查合格后,从同一批中任意选取3盘钢绞线。每盘在任意一端截取一根试件进行拉伸试验。如有某一项试验结果不符合《预应力混凝土用钢绞线》(GB/T 5224—2003)标准的要求,则不合格盘报废,再从未试验过的钢绞线中取双倍数量的试件进行复验。如仍有一项不合格，则该批钢绞线判为不合格品。

对设计文件有指定要求的疲劳性能、偏斜拉伸性能等，应再进行抽样试验。

1.4.3 高强螺纹钢筋验收

1. 外观检查

高强螺纹钢筋的外观质量，应逐根检查。钢筋表面不得有锈蚀、油污、横向裂纹、结疤等。钢筋的外形除测量尺寸外，还应采用匹配的连接器检验旋进情况。

允许有不影响钢筋力学性能和连接的其他缺陷。

2. 力学性能试验

螺纹钢筋的力学性能，应抽样试验。每检验批量不大于60t，从中任取2根，进行拉伸试验。当有一项试验结果不符合《预应力混凝土用螺纹钢筋》（GB/T 20065—2006）标准的要求时，应取双倍数量试件重做试验。复验结果仍有一项不合格，则该批螺纹钢筋判为不合格品。

1.4.4 涂层预应力筋验收

1. 钢丝和钢绞线的力学性能必须按《预应力混凝土用钢丝》（GB/T 5223—2002）和《预应力混凝土用钢绞线》（GB/T 5224—2003）的规定进行复验；

2. 无粘结钢绞线的外观质量应逐盘检查，油脂用量和护套厚度应按批抽样检验，每批重量不大于60t，每批任取3盘，每盘各取1根试件。检验结果应符合现行行业标准《无粘结预应力钢绞线》JG 161 的规定。当有工程经验，并经观察认为质量有保证时，可不作油脂重量和护套的进场复验。

3. 镀锌钢丝、镀锌钢绞线和环氧涂层钢绞线的涂层表面应均匀、光滑、无裂纹；涂层的厚度、连续性和黏附力应符合现行有关标准的规定。

1.5 装运和存放

预应力筋在运输和储存过程中,如遭受雨露、湿气或腐蚀介质的侵蚀,易发生锈蚀,不仅降低质量,而且将出现腐蚀坑,有时甚至会引起脆断。

盘卷预应力筋在存放过程中,外部纤维已有拉应力存在。其外部纤维应力可按 $\frac{dE_s}{D}$ 估算（d——力筋直径,D——盘卷直径）。例如,ϕ^P5 钢丝的盘卷直径为 1.7m,则其外纤维应力约为 $600N/mm^2$。当有腐蚀介质作用时,就有可能产生应力腐蚀,使预应力钢材脆断。预应力筋装运和存放时,应满足以下要求:

1) 预应力筋应分类、分规格装运和存放。室外存放时不得直接堆放在地面上,应垫枕木并用防水布覆盖。长期存放时,应设置仓库。仓库内应干燥、防潮、通风良好、无腐蚀气体和介质。

2) 盘卷预应力筋在出厂前,宜采用防潮纸、麻布等材料包装,捆扎结实,捆扎点不少于 6 道。

3) 直条螺纹钢筋和钢棒,在装运和存放过程中应避免碰撞,防止螺纹损伤。

4) 涂层预应力筋装卸时,吊索应包橡胶、尼龙带等柔性材料并应轻装轻卸,不得摔掷或在地上拖拉,严禁锋利物品损坏涂层和护套。

5) 无粘结预应力筋存放时,严禁放置在受热影响的场所。

6) 环氧涂层预应力筋不得存放在阳光直射的场所。

7) 缓凝结预应力筋的存放温度与时间应符合设计文件的要求。

2 预应力筋锚固体系

锚具是后张法预应力构件或结构中为保持预应力筋拉力并将其传递到构件或结构上所用的永久性锚固装置。夹具是先张法预应力构件施工时，为保持预应力筋的拉力并将其固定在台座或设备上所用的临时性锚固装置。后张法张拉用的夹具，又称工具锚，是在张拉设备上夹持预应力筋所用的临时性锚固装置。连接器是将预应力从一根预应力筋传递到另一根预应力筋的装置。预应力筋锚固体系包括锚具、锚垫板、螺旋筋或钢筋网片等。

预应力筋用锚具、夹具和连接器按锚固方式不同，可分为夹片式（单孔与多孔夹片锚具）、支承式（镦头锚具、螺母锚具）、铸锚式（冷铸锚具、热铸锚具）和握裹式（挤压锚具、压接锚具、压花锚具）等。工程设计单位应根据结构要求、产品技术性能和张拉施工方法等选用锚具和连接器。

锚具、夹具和连接器应具有可靠的锚固性能、足够的承载能力和良好的适用性，以保证充分发挥预应力筋的强度、并安全地实现预应力张拉作业。

2.1 性能要求

锚具、夹具和连接器的性能应符合国家标准《预应力筋用锚具、夹具和连接器》GB/T 14370—2007 的规定。其中，预应力筋-锚具组装件的静载锚固性能是评定锚具是否安全可靠的重要指标。

2.1.1 锚具基本性能

1. 静载锚固性能

锚具的静载锚固性能，应由预应力筋-锚具组装件静载试验测定的锚具效率系数 η_a 和达到实测极限拉力时组装件受力长度的总应变 ε_{apu} 确定。

锚具效率系数 η_a 是指预应力筋-锚具组装件的实际拉断力与预应力筋的理论拉断力之比，应按下式计算：

$$\eta_a = \frac{F_{apu}}{\eta_p \cdot F_{pm}} \quad (2\text{-}1)$$

式中 F_{apu}——预应力筋-锚具组装件的实测极限拉力；

F_{pm}——预应力筋的实际平均极限抗拉力，由预应力筋试件实测破断荷载平均值计算得出；

η_p——预应力筋的效率系数，应按下列规定取用：预应力筋-锚具组装件中预应力筋为 1～5 根时，$\eta_p=1.0$；6～12 根时，$\eta_p=0.99$；13～19 根时，$\eta_p=0.98$；20 根以上时，$\eta_p=0.97$。

锚具的静载锚固性能应同时满足下列两项要求：

$$\eta_a \geqslant 0.95;$$

$$\varepsilon_{apu} \geqslant 2.0\%$$

预应力筋-锚具组装件的破坏形式应当是预应力筋的断裂（逐根或多根同时断裂），锚具零件的变形不得过大或碎裂。夹片式锚具的夹片在预应力筋应力达到 $0.8f_{ptk}$ 时不允许出现裂纹；在满足上述两项要求后，允许出现微裂或纵向断裂，不允许横向、斜向断裂及碎裂。

2. 疲劳荷载性能

在承受静、动荷载的预应力混凝土结构中，预应力筋-锚具组装件除应满足静载锚固性能要求外，尚应满足循环次数为 200 万次的疲劳性能试验。试验应力上限：对预应力钢丝或钢绞线应为抗拉强度标准值的 65%；对有明显屈服台阶的螺纹钢筋应为屈服强度的 80%。应力幅度不应小于 80MPa。

试件经受 200 万次循环荷载后，锚具零件不应疲劳破坏。预应力筋因锚具夹持作用发生疲劳破坏的截面面积不应大于试件总截面面积的 5%。

3. 周期荷载性能

在有抗震要求的结构中，预应力筋-锚具组装件还应满足循环次数为 50 次的周期荷载试验。试验应力上限：对预应力钢丝或钢绞线应为抗拉强度标准值的 80%；对有明显屈服台阶的螺纹钢筋应为屈服强度的 90%。应力下限应为相应强度的 40%。

4. 锚固工艺性能

1）锚具应满足分级张拉、补张拉和放松拉力等工艺要求。

2）锚固多根预应力筋的锚具，除应具有整束张拉的性能外，尚宜具有单根张拉的可能性。

3）用于低应力可更换型拉索的锚具，应有防松、可更换的构造措施。

4）锚具应有防腐蚀措施，且能满足工程建设的耐久性要求。

2.1.2 夹具基本性能

1）夹具的静载锚固性能，应由预应力筋-夹具组装件静载锚固试验测定的夹具效率系数 η_g 确定：

$$\eta_g = \frac{F_{gpu}}{F_{pm}} \qquad (2\text{-}2)$$

夹具的静载锚固性能应符合 $\eta_g \geqslant 0.92$。

2）夹具应有可靠的自锚性能、良好的松锚性能和重复使用性能。使用过程中，应能保证操作人员安全。

2.1.3 连接器基本性能

永久留在混凝土结构或构件中的预应力筋连接器，应符合锚具的性能要求；如在张拉后还须放张和拆除的连接器，则应符合夹具的性能要求。

2.2 钢绞线锚固体系

2.2.1 夹片锚固单元受力分析

夹片锚固单元受力分析,见图 2-1。取夹片为脱离体(二夹片),列出力的平衡方程如下。

$$R\sin(\alpha+\beta) = P/2$$
$$R\cos(\alpha+\beta) = N$$

自锚条件 $N\tan\gamma \geqslant P/2$

合并以上公式,得出

$$\tan\gamma \geqslant \tan(\alpha+\beta)$$
$$\gamma \geqslant \alpha+\beta \quad (2\text{-}3)$$

式中 α——锚环锥角;
β——夹片与锚环锥孔的摩擦角;
γ——夹片内孔与钢绞线之间的摩擦角;
R——夹片背面产生的总反力;
N——夹片与钢绞线之间的夹持力。

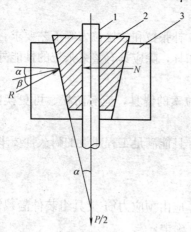

图 2-1 锚固单元受力分析
1—预应力筋;2—夹片;3—锚环

为深入得知锚固单元的内应力状态,应采用有限元计算分析。

为保证式(2-3)成立,必须增大 γ 值,即增大夹片与预应力筋之间的摩擦。因此,夹片内孔应做成尖齿,且要求预应力筋表面不得有泥污、锈斑等物质。在增加 γ 值的同时,应减小 $\alpha+\beta$ 值,其中,α 值过小造成夹片对预应力筋夹持力、咬伤过大,使预应力筋的强度和延性不能充分发挥。因此,α 值以 5.5°~7.5°为宜。为降低 β 值,应增加夹片和锚环圆锥面的硬度,降低圆锥面的表面粗糙度。有时,在工作锚具的锚环锥面或夹片外锥面涂少量的机油或油脂，提高夹片的自锚性能。对于工具锚，为了获得良好的自动松开性能，采取提高工具锚环硬度、夹片镀铬处理。

2.2.2 单孔夹片锚固体系

单孔夹片锚具是由锚环与夹片组成，见图 2-2。夹片的种类很多。按片数可分为三片或二片式。二片式夹片的背面上部锯有一条弹性槽，以提高锚固性能，但夹片易沿纵向开裂；也有通过优化夹片尺寸和改进热处理工艺，取消了弹性槽。按开缝形式可分为直开缝与斜开缝。直开缝夹片最为常用；斜开缝夹片主要用于锚固 $\phi^P 5$ 平行钢丝束，但对钢绞线的锚固也有益无损。斜开缝偏转角的方向应与钢绞线的扭角相反。单孔夹片锚具的型号与规格见表 2-1。预应力筋锚固时夹片自动跟进，不需要顶压。

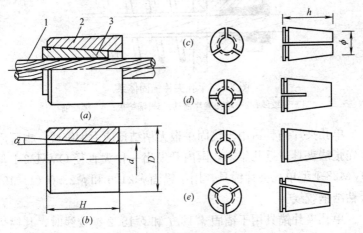

图 2-2 单孔夹片锚具

(a) 组装图；(b) 锚环；(c) 三片式夹片；(d) 二片式夹片；(e) 斜开缝夹片

1—钢绞线；2—锚环；3—夹片

锚具材料与加工要求：锚环采用 45 号钢，调质热处理硬度 HRC32～35。夹片采用合金钢 20CrMnTi，齿形宜为斜向细齿，齿距 1mm，齿高不大于 0.5mm，齿形角较大；夹片应采取心软齿硬做法，表面热处理采取碳氮共渗，齿面硬度达到 HRC60～

单孔夹片锚具尺寸　　　　　　　表 2-1

锚具型号	锚环				夹片		形式
	D	H	d	a	φ	h	
QM13-1	40	42	16	6°30′	17	40	二片直开缝（带钢丝圈）
QM15-1	46	48	18		20	45	
QVM13-1	43	13	16	6°00′	17	38	二片直开缝（无弹性槽）
QVM15-1	46	48	18		19	43	

62。夹片的质量必须严格控制，以保证钢绞线锚固可靠。单孔夹片锚固体系见图2-3。

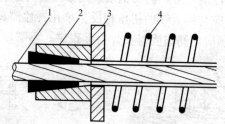

图 2-3 单孔夹片锚固体系
1—钢绞线；2—单孔夹片锚具；3—锚垫板；4—螺旋筋

单孔夹片锚具适用于锚固单根无粘结预应力钢绞线，也可用作先张法夹具。近几年来，国内开发出一种大直径OVM22-1与OVM28-1型单孔夹片锚具，用于锚固$\phi^S21.6$和$\phi^S28.6$（1×19）缓粘结钢绞线。

单孔夹片锚具用于锚固$\phi^S12.7$和$\phi^S15.2$钢绞线时，其锚垫板的尺寸宜为80mm×80mm×12mm；螺旋筋采用$\phi6$钢筋，直径$\phi70$，4圈。

单孔夹片锚具的锚环，也可与锚垫板合一，采用铸钢制成。图2-4为中国建筑科学研究院研制的锚环与锚垫板合一的锚具尺寸。

2.2.3 多孔夹片锚固体系

多孔夹片锚固体系也称群锚体系，由多孔夹片锚具、锚垫板

(也称铸铁喇叭管、锚座)、螺旋筋或钢筋网片等组成,见图2-5。这种锚具是在一块多孔的锚板上,利用每个锥形孔装一副夹片,夹持一根钢绞线。其优点是任何一根钢绞线锚固失效,都不会引起整体锚固失效。每束钢绞线的根数不受限制。对锚板与夹片的要求,与单孔夹片锚具相同。

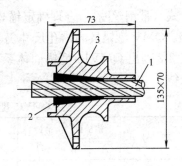

图 2-4 锚环与锚垫板合一的锚具
1—钢绞线;2—夹片;3——体化锚具

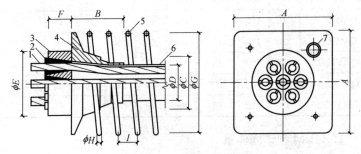

图 2-5 多孔夹片锚具
1—钢绞线;2—夹片;3—锚板;4—铸铁喇叭管;
5—螺旋筋;6—波纹管;7—灌浆孔

多孔夹片锚固体系在后张法有粘结预应力混凝土结构中用途最广。国内生产厂家已有数十家,主要品牌有:QM、OVM、B&S、YM、TM 等。

1. QM 型锚固体系

QM 型多孔夹片锚固体系是中国建筑科学研究院结构所研制成功的,1987 年通过部级鉴定,适用于锚固 $\phi^s 12.7$、$\phi^s 12.9$、$\phi^s 15.2$、$\phi^s 15.7$ 等强度为 1860MPa 的钢绞线。

近几年来,中国建筑科学研究院结构所在 QM 型锚固体系的基础上开发出一种 QMV 型锚固体系,可锚固强度为 1960MPa 的钢绞线。该锚具的锚孔按多边形排列,夹片改为两片式（带钢丝圈）、合理确定锚具尺寸、改进齿形与热处理工艺等。QMV 型锚具的锚孔尺寸仍与 QM 型锚具相同，可以互换。表 2-2 列出 QMV15 型锚固体系尺寸，最大可锚固 61ϕ^S15.2 钢绞线。

常用 QMV15 型锚固体系尺寸　　　　表 2-2

型 号	锚垫板		波纹管 ϕD	锚板		螺旋筋			
	A	B		ϕE	F	ϕG	ϕH	I	圈数
QMV15-4	155	110	50	95	50	190	10	45	4.5
QMV15-5	170	135	55	105	50	210	12	45	4.5
QMV15-6、7	200	155	65	125	55	220	14	50	5
QMV15-8	210	160	70	135	60	260	14	50	5.5
QMV15-9	220	180	75	145	60	260	14	50	5.5
QNV15-12	260	200	85	165	65	310	16	50	6.5
QMV15-14	280	220	90	185	70	350	16	55	7
QMV15-19	320	280	95	205	75	400	16	55	8

2. OVM 型锚固体系

OVM 型锚固体系是柳州建筑机械总厂为主研制成功的，1990 年 9 月通过了省级鉴定，适用于强度 1860MPa、直径 12.7～15.7mm、3～55 根钢绞线。采用带弹性槽的二片式夹片。

OVMA 型锚固体系是该厂新研制的高性能锚固体系，可锚固强度为 1960MPa 的钢绞线，并具有优异的抗疲劳性能。2001 年 1 月通过省级鉴定。该锚固体系是在 OVM 型锚固体系上经有限元分析、优化设计，主要有以下几点改进。

1) 夹片的外径、长度减少了 2mm，齿高作了适当减小，齿形角适当增大，保持现有弹性槽（主要适用钢绞线直径变动量大，如果直径可控时，也可取消弹性槽）。

2) 锚板的锥孔尺寸适当缩小，锚孔间距减少 2mm，减缓了钢绞线在锚垫板内的弯折程度。

3) 优化锚垫板形状与尺寸，改善锚下应力状态。

4）适当减少螺旋筋中径，等于或稍小于锚垫板边长。

表 2-3 列出柳州欧维姆机械股份有限公司生产的 OVM15A 型锚固体系尺寸，最大可锚固 55ϕ^S15.2 钢绞线。

近年来，该公司新开发的产品有：OVM18A 型锚固体系和圆形锚垫板等。圆形锚垫板具有传力更有效、喇叭口摩阻小、便于混凝土施工等优点，可代替方形锚垫板。

OVM15A 型锚固体系尺寸   表 2-3

型号	锚垫板			波纹管	锚板		螺旋筋			
	A	B	ϕC	ϕD	ϕE	F	ϕG	ϕH	I	圈数
OVM15A-4	165	120	93	55	100	48	150	12	50	4
OVM15A-5	180	130	93	55	115	48	170	12	50	4
OVM15A-6,7	210	160	108	70	126	50	200	12	50	5
OVM15A-8	220	160	125	80	143	53	216	14	50	5
OVM15A-9	240	180	125	80	152	53	240	14	50	5
OVM15A-12	270	210	140	90	166	60	270	16	60	5
OVM15A-14	285	220	150	90	175	62	285	16	60	5
OVM15A-17	300	240	170	90	195	70	300	18	60	5
OVM15A-19	310	250	174	100	205	73	310	18	60	6

2.2.4 扁形夹片锚固体系

BM 型扁形锚固体系是由扁形夹片锚具、扁形锚垫板等组成，见图 2-6。该锚固体系的尺寸见表 2-4。

BM 型扁形锚固体系尺寸   表 2-4

锚具型号	扁形锚垫板(mm)			扁形锚板(mm)		
	A	B	C	D	E	F
BM15-2	150	160	80	80	48	50
BM15-3	190	200	90	115	48	50
BM15-4	235	240	90	150	48	50
BM15-5	270	270	90	185	48	50

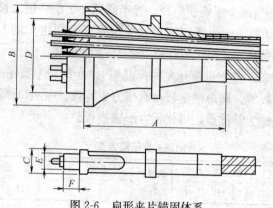

图 2-6 扁形夹片锚固体系

扁形锚具的优点：张拉槽口扁小，可减少混凝土板厚度，钢绞线单根张拉，施工方便；主要适用于楼板、扁梁、低高度箱梁，以及桥面横向预应力等。

2.2.5 固定端锚固体系

固定端锚具有挤压锚具、压花锚具等。其中，挤压锚具既可埋在混凝土结构内，也可安装在结构外，对有粘结预应力钢绞线、无粘结预应力钢绞线都适用，应用范围最广。压花锚具仅用于固定端空间较大且有足够粘结长度的情况，但成本最低。

固定端锚具，也可选用张拉端夹片锚具，但必须安装在构件外，不得埋在混凝土内，以免浇筑混凝土时夹片松动。

1. 挤压锚具

P 型挤压锚具是在钢绞线端部安装异形钢丝衬圈和挤压套，利用液压挤压机将挤压套挤过模孔后，使其产生塑性变形而握紧钢绞线，形成可靠的锚固，见图 2-7。从挤压锚具切开后可看出：异形钢丝已全部脆断，一半嵌入挤压套、一半压入钢绞线，从而增加钢套筒与钢绞线之间的摩阻力；挤压套与钢绞线之间没有任何空隙，紧紧握住。挤压套采用 45 号钢，其尺寸为 $\phi 35mm \times 58mm$（$\phi^S 15.2$ 钢绞线用），挤压后其尺寸变为 $\phi 30mm \times 70mm$。

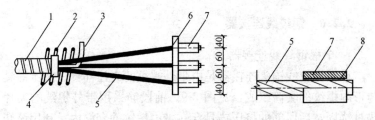

图 2-7 挤压锚具
1—金属波纹管；2—螺旋筋；3—排气管；4—约束圈；5—钢绞线；
6—锚垫板；7—挤压锚具；8—异形钢丝衬圈

挤压锚具下设锚垫板与螺旋筋。当一束钢绞线根数较多，设置整块锚垫板有困难时，可将锚垫板分为若干块。挤压锚具的间距：对 $\phi^S15.2$ 钢绞线宜为 60mm，孔径为 ϕ20mm。

2. 压花锚具

H 型压花锚具是利用压花机将钢绞线端头压成梨形自锚头的一种握裹式锚具，见图 2-8。梨形头的尺寸：对 $\phi^S15.2$ 钢绞线不小于 ϕ95mm×150mm。多根钢绞线的梨形头应分排埋置在混凝土内；为提高压花锚四周混凝土及梨形头根部混凝土抗裂强度，在梨形头头部配置构造筋，在梨形头根部配置螺旋筋。混凝土强度不低于 C30 时，压花锚距构件截面边缘不小于 30mm；第一排压花锚的锚固长度，对 $\phi^S15.2$ 钢绞线不小于 900mm；每排相隔至少为 300mm。

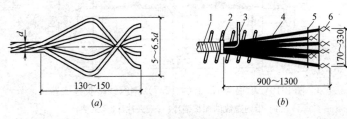

图 2-8 压花锚具
(a) 梨形头；(b) 多根钢绞线压花锚具组合
1—波纹管；2—螺旋筋；3—排气管；4—钢绞线；
5—构造筋；6—压花锚具

2.2.6 钢绞线连接器

1. 单根钢绞线连接器

单根钢绞线锚头连接器是由带外螺纹的夹片锚具、挤压锚具与带内螺纹的套筒组成,见图 2-9。前段筋采用带外螺纹的夹片锚具锚固,后段筋的挤压锚具穿在带内螺纹的套筒内,利用该套筒的内螺纹拧在夹片锚具的外螺纹上,达到连接作用。

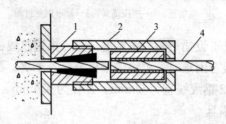

图 2-9 单根钢绞线锚头连接器
1—带外螺纹的锚环;2—带内螺纹的套筒;
3—挤压锚具;4—钢绞线

单根钢绞线接长连接器是由二个带内螺纹的夹片锚具和一个带外螺纹的连接头组成,见图 2-10。为了防止夹片松脱,在连接头与夹片之间装有弹簧。

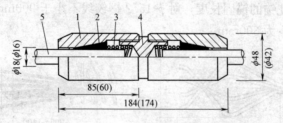

图 2-10 单根 $\phi^S 15.2$ ($\phi^S 12.7$) 钢绞线接长连接器
1—带内螺纹的加长锚环;2—夹片;3—弹簧;
4—连接头;5—钢绞线

2. 多根钢绞线连接器

多根钢绞线连接器主要由连接体、夹片、挤压锚具、铁皮

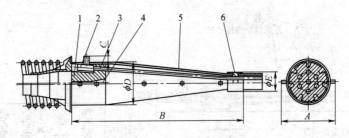

图 2-11　多根钢绞线连接器
1—连接体；2—挤压锚具；3—钢绞线；4—夹片；
5—铁皮护套；6—约束圈

护套、约束圈等组成，见图 2-11。其连接体是一块增大的锚板，锚板中部锥形孔用于锚固前段束，锚板外周边的槽口用于挂后段束的挤压锚具。表 2-5 列出 OVM15L 系列连接器主要尺寸。

OVM15L 多根钢绞线连接器主要尺寸　　　　表 2-5

型　号	A	B	C	ϕD	ϕE
OVM15L-4	209	678	25	169	59
OVM15L-5	221	730	25	181	59
OVM15L-6.7	239	748	25	199	73
OVM15L-9	261	801	25	221	83
OVM15L-12	281	845	25	241	93
OVM15L-19	323	985	25	283	103

2.2.7　环形锚具

HM 型环形锚具，又称游动锚具，用于圆形结构的环状钢绞线束，或使用在两端不能安装普通张拉锚具的钢绞线上。

该锚具使用的钢绞线首尾锚固在一块锚板上，张拉时需加变角块在一个方向进行张拉，见图 2-12。表 2-6 列出 HM 型环形锚具的有关尺寸。

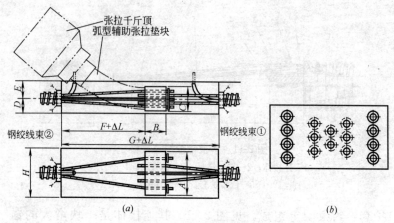

图 2-12 HM 型环形锚具
（a）环锚有关尺寸；（b）环锚锥孔

OVMHM 型环形锚具有关尺寸 表 2-6

型 号	A	B	C	D	F	H
OVMHM15-2	160	65	50	50	150	200
OVMHM15-4	160	80	90	65	800	200
OVMHM15-6	160	100	130	80	800	200
OVMHM15-8	210	120	160	100	800	250
OVMHM15-12	290	120	180	110	800	320
OVMHM15-14	320	125	180	110	1000	340

注：参数 E、G 应根据工程结构确定，ΔL 为环形锚索张拉伸长值。

2.3 钢丝束锚固体系

2.3.1 镦头锚固体系

钢丝束镦头锚具是利用钢丝两端的镦粗头装在多孔锚杯或锚板上，利用螺母锚固的支承式锚具。这类锚具可根据工程需要设计成多种类型，锚固任意根数的 $\phi^P 5$ 和 $\phi^P 7$ 钢丝。其特点：锚固可靠，预应力损失小，但施工麻烦，且要求等长下料，使用面窄。

1. 镦头锚具形式与规格

常用的镦头锚具分为 A 型和 B 型。A 型由锚杯与螺母组成，用于张拉端；B 型为锚板，用于固定端，见图 2-13。钢丝束张拉前，锚杯缩在预留孔道内。张拉时利用工具式拉杆拧在锚杯的内螺纹上，将钢丝束拉出来用螺母固定。构件端部需留扩大孔。

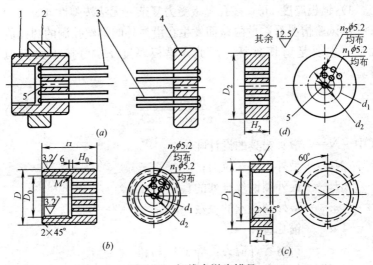

图 2-13 钢线束镦头锚具
(a) 装配图；(b) A 型锚杯；(c) 螺母；(d) B 型锚板
1—锚杯；2—螺母；3—钢丝束；4—锚板；5—排气孔

此外，镦头锚具还可设计成锚杆型和锚板型，构件端部无需扩孔，仅用于短束。

2. 镦头锚具设计

1) 设计原则：钢丝束张拉至 $0.8f_{ptk}$ 时，锚具变形不影响螺母拧进，当继续拉至 f_{ptk}，锚具应力不大于屈服强度。

锚具设计吨位 $\qquad N = f_{ptk} \cdot A_p \qquad$ (2-4)

式中 f_{ptk}——钢丝强度标准值（N/mm^2）；

A_p——钢丝总截面面积（mm^2）。

2) 材料选用：45号碳素结构钢（屈服点 $f_y \geqslant 360N/mm^2$）。锚杯和锚板需调质至硬度 HB251~283，$f_y \geqslant 450N/mm^2$；螺母不调质。

3) 锚孔排列：常用方法沿圆周分布，对大吨位锚具，宜按正六边形分布。锚孔间距 $S=$ 镦头直径$+0.5$~$1.0mm$，对 $\phi^P 5$ 钢丝，$S \geqslant 8mm$，对 $\phi^P 7$ 钢丝，$S \geqslant 11mm$。

4) 锚板厚度 H_0：多孔锚板受力复杂，无法按弹性计算。从试验情况看，危险截面发生在沿最外圈钢丝孔洞的圆柱截面上，主要是剪切破坏。因此，锚板厚度 H_0 可按下式近似计算。

$$H_0 \geqslant \frac{N-0.5N_n}{\tau(\pi d_n - md)} \tag{2-5}$$

式中 N——镦头锚具的设计吨位；
　　N_n——最外圈钢丝拉力；
　　d_n——最外圈钢丝排列的直径；
　　m——最外圈钢丝的根数；
　　d——锚孔直径；
　　τ——抗剪容许应力，等于 $0.7f_y$。

5) 锚杯内径 D_0：根据钢丝排列，并考虑排气孔（或灌浆孔）及螺纹规格等确定。

$$D_0 \geqslant d_n + s + 2h \tag{2-6}$$

式中 s——锚孔间距（mm）；
　　h——螺纹高度，等于 $0.54t$（t—螺距）。

6) 锚杯外径 D：根据杯壁净厚度的抗拉强度，并考虑螺纹规格，按下式计算。

$$D \geqslant \sqrt{\frac{4N}{\pi\sigma_1} + D_0^2} + 2h \tag{2-7}$$

式中 σ_1——抗拉容许应力，等于 f_y。

7) 锚杯高度 H：根据锚板厚度、内螺纹高度及退刀槽确定。

$$H = H_0 + 6 + H_3 \tag{2-8}$$

式中　H_3——锚杯内螺纹高度。

8) 螺母高度 H_1：按螺纹常规计算（略）。

9) 螺母外径 D_1：根据螺母的抗压强度，按下式计算。

$$D_1 \geqslant \sqrt{\frac{4N}{\pi \sigma_c} + D_k^2} \tag{2-9}$$

式中　σ_c——抗压容许应力，其值等于 $0.7 f_y$；
　　　D_k——张拉端扩孔直径。

常用钢丝束镦头锚具尺寸（mm）　　表 2-7

锚具型号	内螺纹 D_0	外螺纹 D	H_0	H	H_1	D_1	锚具型号	D_2	H_2	留孔直径
DM5A-7	M27×2	M41×2	20	45	20	65	DM5B-7	65	20	40
DM5A-12	M37×2	M52×2	25	60	22	80	DM5B-12	75	25	45
DM5A-18	M43×2	M62×3	30	70	25	95	DM5B-18	85	30	48
DM5A-24	M52×3	M72×3	35	75	30	100	DM5B-24	90	35	50
DM5A-32	M57×3	M80×3	40	80	35	115	DM5B-32	95	40	55
DM5A-42	M65×3	M91×3	45	90	40	125	DM5B-42	110	45	65

2.3.2　单根钢丝夹具

在先张法预应力施工中，单根钢丝夹具有镦头式、锥销式和夹片式。

夹片夹具由套筒和夹片组成，见图 2-14。其中，图 2-14（a）夹具用于固定端；图 2-14（b）夹具用于张拉端，套筒内装有弹簧圈，随时将夹片顶紧，以确保成组张拉时夹片不滑脱。

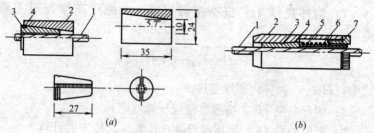

图 2-14 单根钢丝夹片夹具

(a) 固定端夹片夹具；(b) 张拉端夹片夹具

1—钢丝；2—套筒；3—夹片；4—钢丝圈；5—弹簧圈；6—顶杆；7—顶盖

2.4 高强螺纹钢筋锚固体系

2.4.1 高强螺纹钢筋锚具

高强螺纹钢筋锚具是利用与该钢筋螺纹匹配的特制螺母锚固的一种支承式锚具。

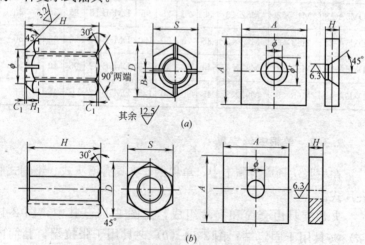

图 2-15 高强螺纹钢筋锚具

(a) 锥面螺母与垫板；(b) 平面螺母与垫板

高强螺纹钢筋锚具包括螺母与垫板,见图 2-15,其尺寸列于表 2-8。

高强螺纹钢筋的锚具尺寸 (mm)　　　表 2-8

钢筋直径	螺母分类	螺母				垫板			
		D	S	H	H_1	A	H	ϕ	ϕ'
25	锥面	57.7	50	54	13	120	20	35	62
	平面				—				—
32	锥面	75	65	72	16	140	24	45	76
	平面				—				—

螺母分为平面螺母和锥面螺母两种。锥面螺母可通过锥体与锥孔的配合,保证预应力筋的正确对中;开缝的作用是增强螺母对预应力筋的夹持能力。螺母材料采用 45 号钢,调质热处理硬度 HB215±15,其抗拉强度为 750~860N/mm^2。螺母的内螺纹是按钢筋尺寸公差和螺母尺寸之和设计。凡是螺纹钢筋尺寸在允许范围内,都能实现较好的连接。

垫板相应地分为平面垫板与锥面垫板两种。由于螺母传给垫板的压力沿 45°方向向四周传递,垫板的边长等于螺母最大外径加二倍垫板厚度。

2.4.2 高强螺纹钢筋连接器

高强螺纹钢筋连接器的形状与尺寸见图 2-16 与表 2-9。

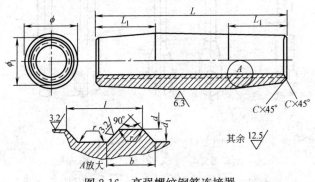

图 2-16 高强螺纹钢筋连接器

高强螺纹钢筋连接器尺寸（mm） 表 2-9

公称直径	ϕ	ϕ_1	L	L_1	d	d_1	l	b
25	50	45	126	45	25.5	29.7	12	8
32	60	54	168	60	32.5	37.5	16	9

2.5 拉索锚固体系

近几年来，随着我国大跨度公共建筑发展的需要，预应力拉索在钢结构工程中日益增多，在混凝土结构上也有采用。其锚固体系主要有：钢绞线压接锚具、冷（热）铸镦头锚具和钢绞线拉索锚具等。

2.5.1 钢绞线压接锚具

钢绞线压接锚具是利用液压钢索接压机将套筒径向压接在钢绞线端的一种握裹式锚具。图 2-17 所示钢绞线压接锚具，端头分别为螺杆、叉耳或耳板。前者用于张拉端；后二者用于固定端，如在叉耳或耳板与压接段之间安装调节螺杆也可用于张拉端。

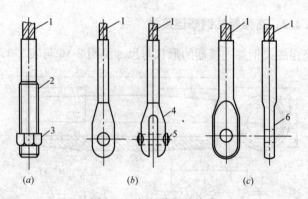

图 2-17 钢绞线压接锚具
(a) 螺杆端头；(b) 叉耳端头；(c) 耳板端头
1—钢绞线；2—螺杆；3—螺母；4—叉耳；5—轴销；6—耳板

钢绞线压接接头宜在套压机上分 2～3 次压制，也可一次压制成型。

2.5.2 冷（热）铸镦头锚具

冷铸镦头锚具的构造，见图 2-18 所示。其筒体内锥形段灌注环氧铁砂。当钢丝受力时，借助于楔形原理，对钢丝产生夹紧力。钢丝穿过锚板后在尾部镦头，形成抵抗拉力的第二道防线。前端延长筒灌注弹性模量较低的环氧岩粉，并用尼龙环控制钢丝的位置。筒体上有梯形外螺纹和圆螺母，便于调整索力和更换新索。张拉端锚具还有梯形内螺纹，以便与张拉杆连接。

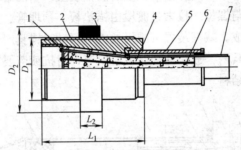

图 2-18 冷铸镦头锚具
1—镦头锚板；2—筒体；3—螺母；4—环氧铁砂；
5—延长筒；6—钢丝；7—热挤 PE 钢索

这种锚具有较高的抗疲劳性能，在大跨度斜拉索中采用较广。其技术参数见表 2-10。

冷铸镦头锚具技术参数　　表 2-10

规格	D_1(mm)	L_1(mm)	D_2(mm)	L_2(mm)	拉索外径(mm)	破断索力(kN)
5-55	φ135	300	φ185	70	51	1803
5-85	φ165	335	φ215	90	61	2787
5-127	φ185	355	φ245	90	75	4164
7-55	φ175	350	φ225	90	68	3535
7-85	φ205	410	φ275	110	83	5463
7-127	φ245	450	φ315	135	105	8162

注：拉索破断力按钢丝强度 $f_{ptk}=1670$MPa 计算。

此外,还有一种热铸镦头锚具,用熔化的金属代替环氧铁砂,但没有延长筒,其尺寸较小,可用于大跨度结构、特种结构等。

2.5.3 钢绞线拉索锚具

钢绞线拉索锚具的构造,见图 2-19。其张拉端锚具:对于短索可在锚板外缘加工螺纹,配以螺母承压;对于长索,由于索长调整量大,而锚板厚度有限,因此需要用带支承筒的锚具,锚板位于支承筒顶面,支承筒依靠外螺母支承在锚垫板上;为了防止低应力状态下的夹片松动,设有防松装置。其固定端锚具:可省去支承筒与螺母。拉索过渡段由锚垫板、预埋管、索导管、减振装置等组成。减振装置可减轻拉索的振动对锚具产生的不利影响。拉索锚具内一般灌注油脂或石蜡等;对抗疲劳要求高的锚具一般灌注粘结料。

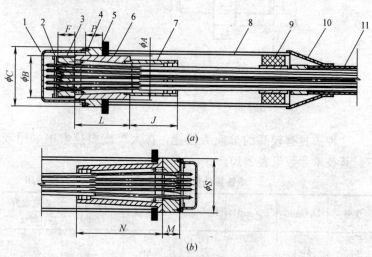

图 2-19 钢绞线拉索锚具构造
(a) 张拉端构造;(b) 固定端构造
1—保护罩;2—防松装置;3—夹片锚具;4—螺母;5—锚垫板;6—支承筒;
7—索导管;8—预埋管;9—减振装置;10—护罩;11—索体

钢绞线拉索锚具的抗疲劳性能好，施工适应性强，在体外束和大跨度斜拉索中逐步推广。其技术参数见表 2-11。

常用钢绞线拉索锚具技术参数（mm） 表 2-11

规格	ϕA	ϕB	ϕC	F	P	L	J	M	N	ϕS
15～12	240	220	330	80	90	300	400	80	400	260
15～19	285	270	360	100	120	400	400	90	400	390
15～22	285	270	360	100	120	400	400	100	600	300
15～27	285	270	360	100	120	400	400	100	600	300
15～31	330	310	420	140	150	450	400	120	650	330

2.5.4 钢棒拉杆锚具

图 2-20 示出钢棒拉杆-锚具组装件。它由两端耳板、钢棒拉杆、调节套筒、锥形锁紧螺母等组成。两端耳板与结构支承点用轴销连接。钢棒拉杆可由多根接长，端头有螺纹。调节套筒既是连接器，又是锚具，内有正反牙。钢棒张拉时，收紧调节套筒，使钢棒建立预应力。

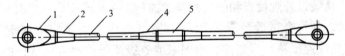

图 2-20　钢棒拉杆—锚具组装件
1—耳板；2、4—锥形锁紧螺母；3—钢棒拉杆；5—调节套筒

2.6 质量检验

锚具、夹具和连接器进场时，应按合同核对锚具的品种、规格及数量，并按下列规定验收。检验合格后方可在工程中应用。

2.6.1 检验项目与要求

同种材料和同一生产工艺条件下生产的产品，可列为同一批量。锚固多根预应力筋的锚具以不超过 1000 套为一个验收批；锚固单根预应力筋的锚具或夹具，每个验收批可以扩大到 2000 套。连接器的每个验收批不宜超过 500 套。

1. 外观检查

从每批中抽 5%～10%的锚具且不少于 10 套，检查其外观质量和外形尺寸。其表面应无污物、锈蚀、机械损伤和裂纹。如有一套表面有裂纹，则该批应逐套检查，合格者方可进入后续检验批。

2. 硬度检验

对硬度有严格要求的锚具零件，应进行硬度检验。对新型锚具应从每批中抽取 5%的样品。且不少于 5 套；对常用锚具从每批中抽取 2%，且不少于 3 套；按产品设计规定的表面位置和硬度范围（该表面位置和硬度范围是品质保证条件，由供货方在供货合同中注明）做硬度检验。如有一个零件不合格，则应另取双倍数量的零件重做检验；如仍有一件不合格，则应对该批产品逐个检验，合格者方可进入后续检验批。

3. 静载锚固性能试验

从通过外观检查和硬度检验的锚具、夹具或连接器抽取 6 套样品，与符合试验要求的预应力筋组装成 3 束预应力筋-锚具（夹具或连接器）组装件，由国家或省级质量检测机构认证的单位进行静载锚固性能试验。试验结果：每束组装件必须符合《预应力筋用锚具、夹具和连接器》GB/T 14370—2007 标准的要求（见第 2.1.2 节）。如有一束组装件不符合要求，则应取双倍数量重做试验；如仍有一束组装件不符合要求，则该批锚具、（夹具或连接器）判为不合格品。

《混凝土结构工程施工质量验收规范》GB 50204—2002 第 6.2.3 条注：对锚具用量较少的一般工程，如供货方提供有效的试验报告，可不作静载锚固性能试验。为了便于执行，《建筑工程预应力施工规范》CECS 180：2005 第 3.3.11 条作出如下补充说明：

1) 设计单位无特殊要求的工程可作为一般工程;
2) 多孔夹片锚具不大于200套或钢绞线用量不大于30t,可界定为锚具用量较少的工程;
3) 生产厂提供的由专业检测的静载锚固性能试验报告,应与供应的锚具为同条件同系列的产品,有效期一年,并以生产厂有严格的质保体系、产品质量稳定为前提;
4) 如厂家提供的单孔和多孔夹片锚具的夹片是通用产品,对一般工程可采用单孔锚具静载锚固性能试验考核夹片质量(注:夹片应从多孔夹片锚具抽取);
5) 单孔夹片锚具、新产品锚具等仍按正常规定做静载锚固性能试验。

2.6.2 静载锚固性能试验

预应力筋—锚具(夹具或连接器)组装件静载锚固性能试验以往有"先张拉后锚固"和"先锚固后张拉"两种模式。通过我国长期大量实践认为两种试验模式无明显差别。2006年修订《预应力筋用锚具、夹具和连接器》GB/T 14370—2000标准时,取消"先张拉后锚固"试验模式,统一采用"先锚固后张拉"的试验装置,见图2-21和图2-22。

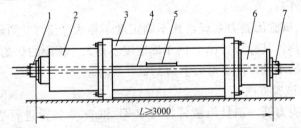

图2-21 预应力筋-锚具(夹具)组装件静载锚固性能试验装置
1—张拉端试验锚具或夹具;2—加载用千斤顶;3—承力台座;4—预应力筋;
5—测量总应变的量具;6—荷载传感器;7—固定端试验锚具或夹具

1. 一般规定
1) 试验用预应力筋可由检测单位或受检单位提供,所选用

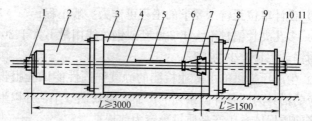

图 2-22 预应力筋-连接器组装件静载锚固性能试验装置

1—张拉端试验锚具；2—加载用千斤顶；3—承力台座；4—续接段预应力筋；5—测量总应变的量具；6—转向约束钢环；7—试验连接器；8—附加承力圆筒或穿心式千斤顶；9—荷载传感器；10—固定端锚具；11—被接段预应力筋

的预应力筋，其直径公差应在锚具（夹具或连接器）的匹配范围内，取 6 根试件进行力学性能试验。其实测抗拉强度平均值 f_{pm} 应符合本工程选定的强度等级。

2）组装件中，预应力筋的受力长度不应小于 3m。单根钢绞线的组装件受力长度不小于 0.8m（不包括夹持部位）。

3）如预应力筋在锚具夹持部位有偏转角度时，宜在该处安设轴向可移动偏转装置（如约束钢环）。

4）试验用锚固零件应擦拭干净，不得在锚固零件上添加影响锚固性能的介质，如金刚砂、石墨、润滑剂等（产品设计有规定者除外）。

5）试验用测力系统，其不确定度不得大于 2%，测量总应变的量具，其标距（1m）的不确定度不得大于标距的 0.2%，指示应变的不确定度不得大于 0.1%。

2. 试验方法

预应力筋—锚具组装件按图 2-21 和 2-22 装置进行静载试验。加载前，应先将各根预应力筋的初应力（$f_{ptk} \times 5\% \sim 10\%$）调匀。正式加载步骤为：按预应力筋抗拉强度标准值 f_{ptk} 的 20%、40%、60%、80%，分 4 级等速加载，加载速度每分钟宜为 100MPa；达到 80%后，持荷 1h；随后缓慢加载至完全破坏，使加载达到最大值。对于仅要求达到合格标准的试件，可在 η_a

和 ε_{apu} 满足要求后停止试验。

用试验机或承力台座进行单根预应力筋-锚具组装件静载试验时，加载速度可以加快，但不超过 200MPa/min；在应力达到 $0.8f_{ptk}$ 时，持荷时间可以缩短，但不应小于 10min，且加载速度不应超过 100MPa/min。

试验过程中，应选取有代表性的预应力筋和锚具零件，测量其间的相对位移。加载速度不应超过 100MPa/min；在持荷期间，如其相对位移继续增加、不能稳定，表明已失去可靠的锚固能力。

3 张拉设备

预应力筋用张拉设备是由液压张拉千斤顶、电动油泵和外接油管等组成。张拉设备应装有测力仪表，以准确建立预应力值。张拉设备应由专人使用和保管，并定期维护与标定。张拉设备的发展趋势：大吨位、小型化和轻量化。

3.1 液压张拉千斤顶

现代液压张拉千斤顶的机型，主要采用穿心式单作用千斤顶；需要顶压锚固时，可在千斤顶端部装顶压器。这类千斤顶，按吨位大小可分为小吨位（≤250kN）、中吨位（>250kN、<1000kN）和大吨位（≥1000kN）。

3.1.1 穿心拉杆式千斤顶

穿心拉杆式千斤顶是一种具有穿心孔的单作用千斤顶。这类千斤顶是由缸体、活塞、穿心套、撑脚、张拉杆、端盖螺母、张拉头等组成，见图3-1。

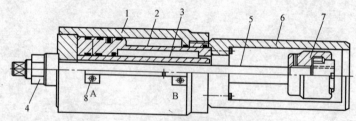

图 3-1 穿心拉杆式千斤顶构造简图
1—缸体；2—活塞；3—穿心套；4—端盖螺母；
5—张拉杆；6—撑脚；7—张拉头；A、B—油嘴张拉预应力筋时，A 油嘴进油、B 油嘴回油，缸体带动端盖螺母、张拉杆、张拉头等左移张拉预应力筋。

这类千斤顶配置不同的附件，可组成多种不同的张拉装置，适用于先张法和后张法支承式锚固体系，也可用于钢结构施加预应力。

这类千斤顶的典型产品有 YCW60B-200（250）轻型化千斤顶。其技术性能：额定油压 52MPa，公称张拉力 600kN，张拉行程 200（250）mm，穿心孔径 ϕ60mm，外形尺寸（含撑脚）ϕ170mm×769mm（869mm），主机重量 33（37）kg。

3.1.2 大孔径穿心千斤顶

大孔径穿心千斤顶，又称群锚千斤顶，是一种具有一个大口径穿心孔、单液缸张拉预应力筋的单作用千斤顶。这种千斤顶广泛用于张拉大吨位钢绞线束；配上撑脚与拉杆后也可作为穿心拉杆式千斤顶。根据千斤顶构造上的差异主要有二大系列产品：YCQ 型和 YCW 型千斤顶。

1. YCQ 型千斤顶

YCQ 型千斤顶的构造见图 3-2。这类千斤顶具有大口径穿心孔，其前端安装限位板，后端安装工具锚。张拉时，活塞杆带动工具锚与钢绞线向左移。限位板的作用是在钢绞线束张拉过程中限制工作锚夹片的外露长度，以保证在锚固时夹片有均匀一致和

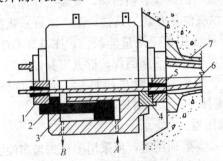

图 3-2　YCQ 型千斤顶构造简图
1—工具锚板；2—活塞；3—缸体；4—限位板；
5—工作锚板；6—钢绞线；7—喇叭形铸铁垫板；
A—张拉时进油嘴；B—回缩时进油嘴

所期望的内缩值。这类千斤顶的构造简单、造价低、无需顶锚、操作方便，但要求锚具的自锚性能可靠。在每次张拉到控制油压值或需要将钢绞线锚住时，只要打开截止阀卸荷，钢绞线自动被锚固。这类千斤顶配有专门的工具锚，以保证张拉锚固后退楔方便。

2. YCW 型千斤顶

YCW 型千斤顶是在 YCQ 型千斤顶的基础上发展起来的。近几年来，又进一步开发 YCWB 型轻量化千斤顶，它不仅体积小、重量轻、而且强度高、密封性能好，是 YCW 型千斤顶的换代产品。该系列产品技术性能见表 3-1。

YCWB 型系列千斤顶技术性能　　表 3-1

项 目	单位	YCW100B	YCW150B	YCW250B	YCW400B
公称张拉力	kN	973	1492	2480	3956
公称油压力	MPa	51	50	54	52
张拉活塞面积	cm^2	191	298	459	761
回程活塞面积	cm^2	78	138	280	459
回程油压力	MPa	<25	<25	<25	<25
穿心孔径	mm	78	120	140	175
张拉行程	mm	200	200	200	200
主机重量	kg	65	108	164	270
外形尺寸	mm	$\phi 214\times 370$	$\phi 285\times 370$	$\phi 344\times 380$	$\phi 432\times 400$

YCW 型千斤顶的操作顺序，见图 3-3。图 3-3（a）准备工作：清理锚垫板与钢绞线表面污物，安装工作锚具与限位板；图 3-3（b）千斤顶就位并安装工具锚；图 3-3（c）张拉；向张拉缸供油，直至设计油压值，测量伸长值；图 3-3（d）锚固：张拉缸油压降至零，千斤顶活塞回程，拆去工具锚。

YCW 型千斤顶加撑脚与拉杆后，可张拉镦头锚具，冷（热）铸镦头锚具等支承式锚具，见图 3-4。

3. 液压顶压器

当多孔夹片需要顶压时，可采用多孔式与多油缸并联的液压顶压器。顶压器的每个穿心式顶压活塞对准锚具的一组夹片。钢绞线从活塞的穿心孔中穿过。锚固时，穿心活塞同时外伸，分别顶压锚具的每组夹片，每组顶压力为 25kN。这种顶压器的优点

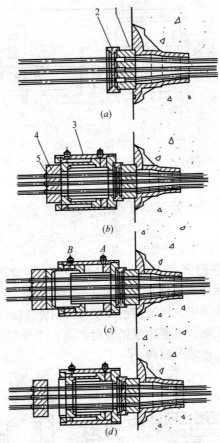

图 3-3　YCW 型千斤顶的操作顺序
1—工作锚具；2—限位板；3—千斤顶；
4—工具锚板；5—工具夹片；A、B—油嘴

在于能够向外露长度不同的夹片，分别进行等荷载的强力顶压锚固。这种做法，可降低锚具加工的尺寸精度，增加锚固的可靠性，减少夹片滑移回缩损失。

3.1.3　前置内卡式千斤顶

前置内卡式千斤顶是将工具锚安装在千斤顶前部的一种穿心

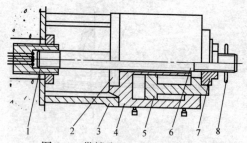

图 3-4 带撑脚的 YCW 型千斤顶
1—锚具；2—支承环；3—撑脚；4—油缸；5—活塞；
6—张拉杆；7—张拉杆螺母；8—张拉杆手柄

式千斤顶。这类千斤顶的优点是节约预应力筋，使用方便，效率高。

1. YDCQ 型前卡式千斤顶

YDCQ 型前卡式千斤顶由外缸、活塞、穿心套、工具锚、回程弹簧、承压头等组成，见图 3-5。张拉时，A 油嘴进油，缸体带动穿心套、工具锚与钢绞线左移。钢绞线锚固时夹片自动跟进，一般不顶锚。需要顶压锚固时，可在千斤顶端部装顶压器，在油泵管路上加装分流阀。

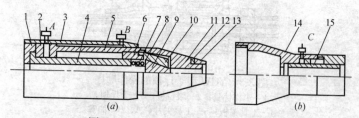

图 3-5 YDC240Q 前卡式千斤顶构造
(a) 前卡式千斤顶；(b) 顶压器
1—压板；2—堵头；3—外缸；4—穿心套；5—活塞；6—连接头；7—回程弹簧；8—导向管；9—夹片；10—锚杯；11—支撑套；12—垫圈；13—支撑套螺母；14—顶压缸；15—顶压活塞；A、B、C—油嘴

YDC240Q 型前卡式千斤顶的技术性能：张拉力 240kN、额定压力 50MPa、张拉活塞面积 47.7cm^2、张拉行程 200mm、穿心孔

径 18mm、外形尺寸 φ108mm×580mm、重量 18.2kg，适用于单根钢绞线张拉。

YDC260Q 型前卡式千斤顶是在 YDC240Q 型千斤顶的基础上，增加止转装置，防止千斤顶张拉时转动。

2. YDCN 型内卡式千斤顶

YDCN 型内卡式千斤顶由外缸、活塞、穿心套、工具锚、限位板等组成，见图 3-6。

YDCN 型内卡式千斤顶的技术性能，见表 3-2；适用于张拉空间狭窄时钢绞线束的张拉。

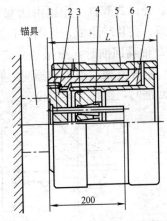

图 3-6 YDCN 型内卡式千斤顶
1—钢绞线；2—限位板；3—工具锚板；4—工具夹片；5—外缸；6—活塞；7—穿心套

YDCN 型内卡式千斤顶性能　　表 3-2

项目	单位	YDC1500N-100(200)	YDC2500N-10(200)
公称张拉力	kN	1493	2462
公称油压	MPa	54	50
张拉活塞面积	cm²	276.5	492.4
回程活塞面积	cm²	115.5	292.2
张拉行程	mm	100(200)	100(200)
主机重量	kg	116(146)	217(263)
长度×直径	mm	285(385)×φ305	289(389)×φ399
最小工作空间	mm	800(1000)	800(1000)

3.1.4 开口式双缸千斤顶

开口式双缸千斤顶是利用一对倒置的单活塞杆缸体将预应力筋卡在其间开口处的一种千斤顶。这种千斤顶可用于单根超长钢绞线的中间张拉及预应力结构改造中的预应力筋截断或松锚等。

开口式双缸千斤顶由活塞支架、油缸支架、活塞体、缸体、缸盖、夹片等组成，见图3-7。当油缸支架A油嘴进油，活塞支架B油嘴回油时，液压油分流到两侧缸体内，由于活塞支架不动，缸体支架后退带动预应力筋张拉。反之，B油嘴进油，A油嘴回油时，缸体支架复位。

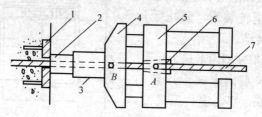

图3-7 开口式双缸千斤顶
1—埋件；2—工作锚；3—顶压器；4—活塞支架；
5—油缸支架；6—夹片；7—预应力筋；A、B—油嘴

近几年有关单位新研制的开口式双缸千斤顶的公称张拉力$2\times115kN$，工作油压63MPa，两支液压缸体直径均为51mm，油压面积为$20.4cm^2$，张拉行程为150mm，千斤顶自重22kg，长×宽×高＝426mm×200mm×120mm。

为满足液压顶锚要求，柱塞直径为25mm，锚固行程为10mm，顶压力为20~25kN。

3.1.5 液压张拉装置

液压张拉装置是由普通液压千斤顶或专用千斤顶与传力架组成，主要用于张拉各类预应力拉索。

图3-8所示的液压张拉装置是由两台液压千斤顶与双横梁式传力架组成。右横梁固定在热（冷）铸锚的叉耳肩部上，左横梁套在铸锚束的锚杯上。传力架上安装2台穿心拉杆式千斤顶，通过2根高强螺杆传力，推动左横梁张拉铸锚束，将铸锚端头的锁紧螺杆拧紧。如采用两台小型普通液压千斤顶，则应采用三横梁式传力架。

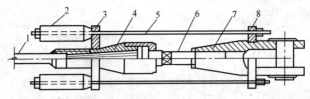

图 3-8 液压张拉装置之一
1—拉索；2—穿心拉杆式千斤顶；3—左横梁；4—冷（热）铸锚；
5—高强螺杆；6—锁紧螺杆；7—叉耳；8—右横梁

图 3-9 所示的液压张拉装置是由 4 台专用液压千斤顶与双横梁式传力架组成。额定张拉力 1130kN，油压 60MPa，最大行程 50mm。该装置的高强螺杆共计 4 根，其下端用螺母固定在下横梁上，上端穿过上横梁与专用液压千斤顶连接。钢棒拉杆端部装有临时圆环卡块和锥形锁紧螺母。张拉时，钢棒拉杆上下端靠拢，利用正反牙的调节套筒拧紧。

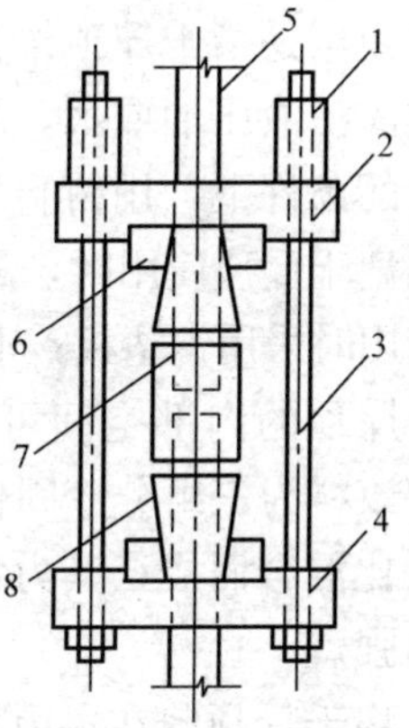

3.1.6 扁千斤顶

扁千斤顶由特种钢材焊成，外形呈圆形凹入式，是一个薄的压力囊，见图 3-10。这种千斤顶能用液压通过有限的位移施加很大的力，可采取叠放，以增大行程；常用于没有预见到

图 3-9 液压张拉装置之二
1—专用液压千斤顶；2—上横梁；3—高强螺杆；4—下横梁；5—钢棒拉杆；6—临时圆环卡块；7—调节套筒；8—锥形锁紧螺母

采用的场所（如补救措施或结构扩建部分）和新建工程作为结构的一部分。

扁千斤顶的外径为 120～1150mm，厚度 T 均为 25mm，最大荷载为 95～13635kN，最大行程 E 为 25mm。最大荷载时的液压为 13.5MPa，安装间隙为 38～50mm。

扁千斤顶有临时性使用和永久性使用两种情况。临时性使用

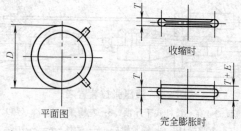

图 3-10 扁千斤顶

是指千斤顶在受到液压作用时膨胀,完成张顶后,拆除复原。永久性使用是指千斤顶作为结构的一部分永久保留在结构物中,一般先灌注液压油或水,使结构达到要求的状态之后,在保持结构稳定的条件下,用树脂材料置换液压油或水。

扁千斤顶使用时,需在千斤顶和张顶构件之间放置垫块。临时使用时采用钢垫板;永久使用时采用环形砂浆或预制混凝土块。扁千斤顶的内部空间可采用 Araldite XH130-A/B/C 注浆材料填充。该料为三组分冷固化触变环氧粘胶,A:B:C=3:1:6 的重量比混合而成,其力学强度高、粘着力以及防水和抗化学腐蚀能力强。

扁千斤顶曾在秦山核电站三期工程安全壳临时洞口封闭、澳门观光塔塔身接缝等工程中应用,取得成功的经验。

3.2 电动油泵

预应力用电动油泵是用电动机带动与阀配流的一种轴向柱塞泵。油泵的额定压力应等于或大于千斤顶的额定压力。

3.2.1 通用电动油泵

ZB4-500 型电动油泵是目前通用的预应力油泵,主要与额定压力不大于 50MPa 的中等吨位的预应力千斤顶配套使用,也可供对流量无特殊要求的大吨位千斤顶和对油泵自重无特殊要求的小吨位千斤顶使用，表 3-3 列出 ZB4-500 型电动油泵技术性能。

ZB4-500 型电动油泵技术性能　　　　表 3-3

柱塞	直径	mm	φ10	电动机	功率	kW	3
	行程	mm	6.8		转数	r/min	1420
	个数	个	2×3	用油种类			10 号或 20 号机械油
额定油压		MPa	50	油箱容量		L	42
额定流量		L/min	2×2	外形尺寸		mm	745×494×1052
出油嘴数		个	2	重量		kg	120

注：ZB4-500s 附加安装一个三位四通阀。

ZB4-500 型电动油泵由泵体、控制阀、油箱小车和电气设备等组成，见图 3-11。泵体采用阀式配流的双联式轴向定量泵结构形式。双联式即将同一泵体的柱塞分成两组，共用一台电动机，由公共的油嘴进油，左、右油嘴各自出油，左、右两路的流量和压力互不干扰。

控制阀由节流阀、截止阀、溢流阀、单向阀、油嘴和压力表组成，见图 3-12。节流阀控制进油速度用，关闭时进油最快。截止阀控制卸荷用，进油时关闭，回油时打开。单向阀控制持荷用。溢流阀（安全阀）控制最高压力，保护备用。

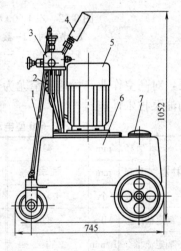

图 3-11　ZB4-500 型电动油泵外形
1—拉手；2—电气开关；3—组合控制阀；4—压力表；5—电动机及泵体；6—油箱小车；7—加油口

3.2.2　小型电动油泵

ZB1-630 型油泵主要用于小吨位液压千斤顶和液压镦头器，也可用于中等吨位千斤顶。该油泵自重轻、操作简单、携带方

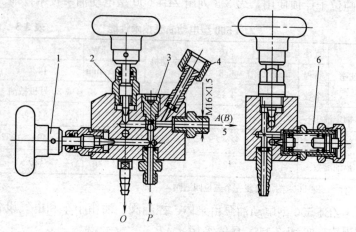

图 3-12 ZB4-500 型电动油泵控制阀
1—节流阀；2—截止阀；3—单向阀；
4—压力表座；5—油嘴；6—安全阀

便，对高空作业、场地狭窄尤为适用。表 3-4 列出 ZB1-630 型电动油泵技术性能。

ZB1-630 型电动泵技术性能　　表 3-4

柱塞	直径	mm	$\phi 8$	电动机	功率	kW	1.1
	行程	mm	5.57		转数	r/min	1400
	个数	个	1×3		用油种类		10 号或 20 号机械油
额定油压		MPa	63	油箱容量		L	18
额定流量		L/min	1	外形尺寸		mm	501×306×575
油嘴数		个	2	重量		kg	55

该油泵由泵体、组合控制阀、油箱及电器开关等组成，见图 3-13，泵体系自吸式轴向柱塞泵。组合控制阀由单向阀、节流阀、截止阀、换向阀、安全阀、油嘴和压力表组成。换向阀手柄居中，各路通 O；手柄顺时针旋紧，上油路进油，下油路回油；反时针旋松，则下油路进油，上油路回油。

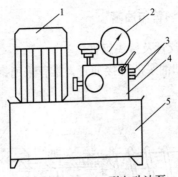

图 3-13 ZB1-630 型电动油泵
1—泵体；2—压力表；3—油嘴；4—组合控制箱；5—油箱

3.2.3 超高压变量油泵

ZB10/320-4/800 型电动油泵是一种大流量、超高压的变量油泵，主要与张拉力 1000kN 以上或工作压力在 50MPa 以上的预应力液压千斤顶配套使用。

ZB10/320-4/800 型电动油泵的技术性能如下：

额定油压：一级 32MPa，二级 80MPa。

公称流量：一级 10L/min，二级 4L/min。

电动机功率 7.5kW，油泵转速 1450r/min。

油箱容量 120L，外形尺寸 1100mm×590mm×1120mm。

空泵重量 270kg。

ZB10/320-4/800 型电动油泵由泵体、变量阀、组合控制阀、油箱小车、电气设备等组成。泵体采用阀式配流的轴向柱塞泵，设有 3×ϕ12 和 3×ϕ14 两组柱塞副，由泵体小柱塞输出的油液经变量阀直接到控制阀，大柱塞输出油液经单向阀和小柱塞输出油液汇成一路到控制阀。当工作压力超过 32MPa 时，活塞顶杆右移推开变量锥阀，使大柱塞输出油液空载流回油箱。此时，单向阀关闭，小柱塞油液不返流而继续向控制阀供油。在电动机功率恒定条件下，因输出流量小而获得较高的工作压力。

3.2.4 外接油管与油嘴

1. 钢丝编织胶管及接头组件

连接千斤顶和油泵的外接油管,推荐采用钢丝编织胶管,见图3-14。

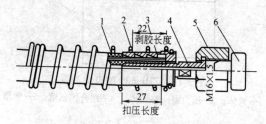

图3-14 钢丝编织胶管接头组件
1—钢丝编织胶管;2—保护弹簧;3—接头外套;
4—接头芯子;5—接头螺母;6—防尘堵头

根据千斤顶的实际工作压力,选择钢丝编织胶管与接头组件。但须注意,接头螺母的螺纹应与液压千斤顶定型产品的油嘴螺纹(M16×1.5)一致。

2. 油嘴及垫片

YCW型千斤顶、LD10型钢丝镦头器和ZB4/500型电动油泵等定型产品采用的统一油嘴为M16×1.5平端油嘴(图3-15)、垫片为 $\phi 13.5mm \times \phi 7mm \times 2mm$(外径×内径×厚度)紫铜垫片(加工后应经退火处理)。

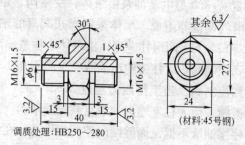

图3-15 平端油嘴

3. 自封式快装接头

为了解决接头装卸需用扳手，拆下的接头漏油造成油液损失和环境问题。近年来发展一种内径6mm的三层钢丝编织胶管和自封式快装接头。该接头完全能承受$50N/mm^2$的油压，而且柔软易弯折，不需工具就能迅速装卸。卸下的管道接头能自动密封，油液不会流失，使用极为方便。

3.3 张拉设备标定与选用

3.3.1 张拉设备标定

施加预应力用的机具设备及仪表，应由专人使用和管理，并应定期维护和标定。

张拉设备与压力表应配套标定，以确定张拉力与压力表读数的关系。标定张拉设备用的试验机或测力计精度，不得低于±2%。压力表精度不宜低于1.5级，最大量程不宜小于设备额定张拉力的1.3倍。标定时，千斤顶活塞的运行方向，应与实际张拉工作状态一致。

张拉设备的标定期限，不宜超过半年。发生下列情况时，张拉设备应重新标定。

1）千斤顶经过拆卸修理；
2）压力表受过碰撞或出现失灵现象；
3）更换压力表；
4）张拉中预应力筋发生多根破断事故或张拉伸长值误差较大。

1. 用压力试验机标定

用压力试验机标定千斤顶是一种常用的方法，见图3-16。液压千斤顶标定时，力的平衡方程如下：

1）当千斤顶压试验机时，千斤顶活塞的运行方向与实际张拉时的方向一致。

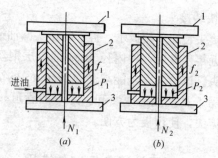

图 3-16 在压力试验机上标定穿心式千斤顶
(a) 千斤顶压试验机；(b) 试验机压千斤顶
1—压力机的上压板；2—穿心式千斤顶；3—压力机的下压板

$$N_1 = \frac{p_1 A}{1000} - f_1 \tag{3-1}$$

式中 p_1——千斤顶主动出力时的压力表读数（MPa）；
A——千斤顶活塞面积（mm^2）；
f_1——千斤顶主动出力时的内摩阻力（kN）；
N_1——试验机被动工作时的表盘读数（kN）。

2）当试验机压千斤顶时，千斤顶活塞的运行方向与实际张拉时的方向相反。

$$N_2 = \frac{p_2 A}{1000} + f_2 \tag{3-2}$$

式中 N_2——试验机主动出力的表盘读数（kN）；
p_2——千斤顶被动工作时的压力表读数（MPa）；
f_2——千斤顶被动工作时的内摩擦力（kN）；
A——千斤顶活塞面积（mm^2）。

3）根据液压千斤顶标定的试验研究结果，可以得到：

（1）用油膜密封的试验机，其主动与被动工作时的表盘读数基本一致；因此，用千斤顶压试验机时，试验机的表盘读数不必修正。

（2）用密封圈密封的千斤顶，其正向与反向运行时内摩阻力不相等，并随着密封圈的做法、缸壁与活塞的表面状态、液压油的粘度等变化。

(3) 千斤顶立放与卧放运行时的内摩阻力差异小。因此，千斤顶立放标定时的表读数用于卧放张拉时不必修正。

从上述标定时力的平衡方程分析和试验结果可以看出：千斤顶主动出力和被动工作时的内摩阻力方向相反，且不相等。因此，采用千斤顶压试验机标定时，p_1 与 N_1 的对应读数可用于张拉预应力筋。采用试验机压千斤顶标定时，p_2 与 N_2 对应读数仅用于测试孔道摩擦损失时确定固定端预应力筋的拉力。

标定时，千斤顶应事先运行至全部行程的 1/3 左右，分级记录 p 与 N 的对应读数，重复 3 次，取平均值。根据 p 与 N 系列数据，绘出张拉力与压力表读数的关系曲线（图 3-17）或列出线性回归方程，以便于使用。

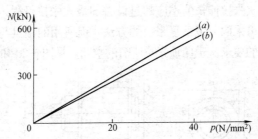

图 3-17　千斤顶张拉力与读数表的关系曲线
(a) 千斤顶被动工作；(b) 千斤顶主动工作

2. 用标准测力计标定

用标准测力计标定千斤顶是一种简单可靠的方法，准确程度较高。常用的测力计有压力传感器或弹簧测力环等，标定装置如图 3-18 与图 3-19。

标定时，千斤顶进油，分级记录压力表读数与测力计的对应读数，重复 3 次，取平均值。

3.3.2　张拉设备选用与张拉空间

张拉设备选用应根据所用预应力筋的种类及其张拉锚固工艺确定。预应力筋的张拉力不宜大于设备额定张拉力的 90%，预

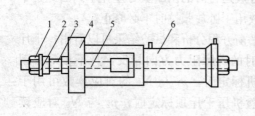 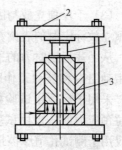

图 3-18 用穿心式压力传感器标定千斤顶
1—螺母；2—垫板；3—穿心式压力传感器；
4—横梁；5—拉杆；6—穿心式千斤顶

图 3-19 用压力传感器（或测力环）标定千斤顶
1—压力传感器（或测力环）；
2—传力架；3—千斤顶

应力筋的一次张拉伸长值不应超过设备的最大张拉行程。当一次张拉不足时，可采取分级重复张拉的方法，但所用的锚具与夹具应适应重复张拉的要求。千斤顶张拉所需的空间，见图 3-20 和表 3-5。

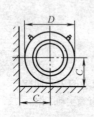 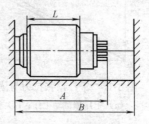

图 3-20 千斤顶张拉空间

千斤顶张拉空间尺寸　　　　　　　　表 3-5

千斤顶型号	千斤顶外径 D(mm)	千斤顶长度 L(mm)	张拉行程 (mm)	最小工作空间		钢绞线预留长度 A(mm)
				B(mm)	C(mm)	
YDC240Q	108	580	200	1000	70	200
YCW100B	214	370	200	1200	150	570
YCW150B	285	370	200	1250	190	570
YCW250B	344	380	200	1270	220	590
YCW350B	410	400	200	1320	255	620
YCW400B	432	400	200	1320	265	620

4 预应力施工计算

4.1 曲线预应力筋坐标方程

4.1.1 单抛物线形

单抛物线形预应力筋坐标方程（图 4-1）：

$$y = Ax^2, \; A = \frac{4h}{l^2} \tag{4-1}$$

根据式（4-1），可以算出抛物线形预应力筋各点竖向位置。

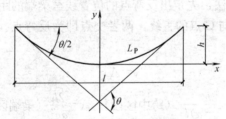

图 4-1 单抛物线形预应力筋

抛物线形预应力筋实际长度 L_P（mm）：

$$L_P = \left(1 + \frac{8h^2}{3l^2}\right)l \tag{4-2}$$

抛物线形预应力筋两端切线的夹角 θ：

$$\theta/2 = \frac{4h}{l} \; (\text{rad}) \tag{4-3}$$

式中 l——抛物线的水平投影长度（mm）；

h——抛物线的矢高（mm）。

4.1.2 正反抛物线形

在预应力混凝土框架梁中,经常遇到正反抛物形预应力筋,见图4-2。

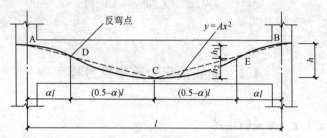

图4-2 正反抛物线形预应力筋

预应力筋外形从跨中 C 点至支座 A(B)点采用两段曲率相反的抛物线,在反弯点 D(E)处相接并相切,A(B)点与 C 点分别为两抛物线的顶点。

反弯点求法:先定出反弯点的位置线至梁端的距离 αl,再连接 A(B)点与 C 点的直线,两者交点即为反弯点。图4-2 的抛物线方程为:

$$y = Ax^2 \tag{4-4}$$

式中 $A = \dfrac{2h}{(0.5-\alpha)l^2}$(跨中区段),$A = \dfrac{2h}{\alpha l^2}$(梁端区段);

　　h——预应力筋外形最高点 A(B)与最低点 C 的垂直距离(mm);

　　l——预应力框架梁的跨度(mm);

　　α——宜取 0.1~0.2。

此外,$h_1 = 2\alpha h$,$h_2 = 2(0.5-\alpha)h$。

4.1.3 直线与抛物线相切

多跨预应力混凝土框架梁边支座区段,经常遇到直线与抛物线相切的预应力筋,见图4-3。

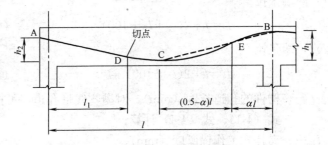

图 4-3 直线与抛物线相切的预应力筋

预应力筋外形在梁端区段为直线而在跨中区段为抛物线，两段相切于 D 点，切点至梁端的距离 l_1，可按下式计算：

$$l_1 = \frac{l}{2}\sqrt{1 - \frac{h_1}{h_2} + 2\alpha \frac{h_1}{h_2}} \qquad (4-5)$$

当 $h_1 = h_2$，$l_1 = 0.5l\sqrt{2\alpha}$

式中　$\alpha = 0.1 \sim 0.2$

4.2　预应力筋下料长度

4.2.1　钢绞线束夹片锚固体系

后张法预应力混凝土构件和钢构件中采用钢绞线束夹片锚具时，钢绞线的下料长度 L（mm）可按下列公式计算（图 4-4）：

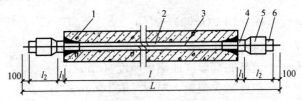

图 4-4　采用夹片锚具时钢绞线的下料长度

1—混凝土构件；2—预应力筋孔道；3—钢绞线；4—夹片式工作锚；
5—张拉用千斤顶；6—夹片式工具锚

1) 两端张拉
$$L=l+2(l_1+l_2+100) \quad (4-6)$$
2) 一端张拉
$$L=l+2(l_1+100)+l_2 \quad (4-7)$$

式中 l——构件的孔道长度（mm），对抛物线形孔道，可按公式 (4-1)、式 (4-4) 计算；
　　l_1——夹片式工作锚厚度（mm）；
　　l_2——张拉用千斤顶长度（含工具锚）（mm），采用前卡式千斤顶时仅算至千斤顶体内工具锚处。

4.2.2 钢丝束镦头锚固体系

后张法混凝土构件中采用钢丝束镦头锚具时，钢丝的下料长度 L (mm) 可按预应力筋张拉后螺母位于锚杯中部计算（图 4-5）：

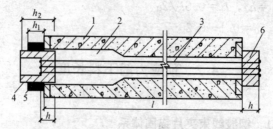

图 4-5 采用镦头锚具时钢丝束的下料长度
1—混凝土构件；2—孔道；3—钢丝束；
4—锚杯；5—螺母；6—锚板

$$L=l+2(h+s)-K(h_2-h_1)-\Delta L-C \quad (4-8)$$

式中 l——构件的孔道长度，按实际尺寸（mm）；
　　h——锚杯底部厚度或锚板厚度（mm）；
　　s——钢丝镦头留量，对 $\phi^P 5$ 取 10mm；
　　K——系数，一端张拉时取 0.5，两端张拉时取 1.0；
　　h_2——锚杯高度（mm）；
　　h_1——螺母高度（mm）；

ΔL ——钢丝束张拉伸长值（mm）；

C ——张拉时构件的弹性压缩值（mm）。

4.3 预应力筋张拉力

4.3.1 张拉力

张拉力筋的张拉力是指在结构构件张拉端由张拉设备施加的拉力，可按下列公式计算：

$$P_j = \sigma_{con} \times A_P \qquad (4\text{-}9)$$

式中 P_j ——预应力筋的张拉力（N）；

σ_{con} ——张拉控制应力（N/mm²），应在设计图纸上标明，混凝土结构中，对钢丝和钢绞线取 $(0.7 \sim 0.75)f_{ptk}$，高强钢筋取 $(0.85 \sim 0.90)f_{pyk}$；

f_{ptk} ——预应力筋抗拉强度标准值（N/mm²）；

f_{pyk} ——预应力筋屈服强度标准值（N/mm²）；

A_P ——预应力筋截面面积（mm²）。

为了准确建立设计所需的有效预应力值，预应力筋张拉前，设计单位应提供各项预应力损失计算值。

施工中，如遇到设计中未考虑的预应力损失（如锚口摩阻损失、变角张拉摩阻损失、弹性压缩损失等）或预应力损失（如锚固损失、孔道摩擦损失、力筋松弛损失等）取值偏低，需要采取超张拉措施。

当预应力筋需要超张拉时，其最大张拉控制应力：对预应力钢丝和钢绞线为 $0.8f_{ptk}$，对高强钢筋为 $0.95f_{pyk}$。但锚具下口建立的最大预应力值：对预应力钢丝和钢绞线不宜大于 $0.7f_{ptk}$，对高强钢筋不宜大于 $0.85f_{pyk}$。

4.3.2 有效预应力值

预应力筋中建立的有效预应力值 σ_{pe} 是指预应力损失完成后

在预应力筋中保持的应力值,可按下式公式计算:

$$\sigma_{pe} = \sigma_{con} - \sum_{i=1}^{n} \sigma_{li} \qquad (4\text{-}10)$$

式中 $\sum_{i=1}^{n}\sigma_{li}$ ——各项预应力损失之和。

混凝土结构施工中,对预应力钢丝、钢绞线,其有效预应力值不宜大于 $0.6f_{ptk}$。

如设计图纸上仅标明有效预应力值,则应由预应力施工单位根据所选用的预应力筋张拉锚固体系和张拉工艺等计算各项预应力损失值,两者叠加即得张拉力。

钢结构设计图纸上标明的张拉力设计值应为有效张拉值,施工时应增加有关的预应力损失,确定初始张拉力。

4.4 预应力损失

预应力损失是指预应力筋张拉阶段和张拉以后,由于材料特性、结构状态和张拉工艺等因素引起的应力损失现象。

根据预应力损失发生的时间可分为:瞬间损失和长期损失。张拉阶段瞬间损失包括孔道摩擦损失、锚固损失、弹性压缩损失等;张拉以后长期损失包括预应力筋松弛损失和混凝土收缩徐变损失等。对先张法施工,有时还有热养护损失;对后张法施工,有时还有锚口摩擦损失、变角张拉损失等;对平卧重叠生产的构件,还有叠层摩阻损失。

上述预应力损失的主要项目(孔道摩擦损失、锚固损失、应力松弛损失、收缩徐变损失等),设计时都计算在内。当施工条件变化时,应复算预应力损失值,调整张拉力。

4.4.1 孔道摩擦损失

孔道摩擦损失是指预应力筋与孔道壁之间的摩擦引起的预应力损失,包括长度效应和曲率效应引起的损失。长度效应是由于孔道局部偏摆使预应力筋刮碰孔道引起的。曲率效应是由于预应力筋与弯曲孔道壁之间的摩擦引起的。

1. 计算公式

预应力筋与孔道壁之间摩擦引起的预应力损失 σ_{l2}（N/mm²）（图 4-6），可按下列公式计算：

$$\sigma_{l2} = \sigma_{con}\left(1 - \frac{1}{e^{\kappa x + \mu\theta}}\right) \quad (4-11)$$

式中 κ——考虑孔道（每 m）局部偏差对摩擦影响的系数，按表 4-1 取用；

x——从张拉端至计算截面的孔道长度（m），也可近似取该段孔道在纵轴上的投影长度；

μ——预应力筋与孔道壁之间的摩擦系数，按表 4-1 取用；

θ——从张拉端至计算截面曲线孔道部分切线的夹角（rad）。

当 $\kappa x + \mu\theta$ 不大于 0.2 时，σ_{l2} 可按下列近似公式计算：

$$\sigma_{l2} = \sigma_{con}(\kappa x + \mu\theta) \quad (4-12)$$

对多种曲率或由直线段与曲线束组成的孔道，应分段计算孔道摩擦损失。

空间曲线束可按平面曲线束公式计算，但 θ 角应取空间曲线包角，x 应取空间的曲线弧长。

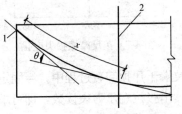

图 4-6 孔道摩擦损失计算简图
1—张拉端；2—计算截面

系数 κ 与 μ 值		表 4-1
孔道成型方式	κ 值	μ 值
预埋金属波纹管	0.0015～0.0030	0.25～0.30
预埋塑料波纹管	0.0012～0.0020	0.15～0.20
预埋钢管	0.0010～0.0015	0.30～0.35
橡胶管抽芯成型	0.0015～0.0020	0.50～0.55
无粘结预应力钢绞线	0.0030～0.0040	0.04～0.09

注：对多孔夹片锚具和变角张拉装置，尚应考虑锚口处的附加摩擦损失，其值可根据实测数据确定。

2. 现场测试

对重要的预应力混凝土工程,应在现场测定实际的孔道摩擦损失。

1) 测试方法

可采用压力表法与传感器法。

(1) 精密压力表法:在预应力筋的两端各安装一台千斤顶,测试时首先将固定端千斤顶的油缸拉出少许,并将回油阀关死,然后开动张拉端千斤顶进行张拉。当预应力筋达到张拉力时,分别读出两端千斤顶的压力表读数,即可求得孔道摩擦损失。

(2) 传感器法:在预应力筋的两端千斤顶尾部各装一台传感器。测试时用电阻应变仪读出两端传感器的应变值,即可求得孔道摩擦损失。

预应力筋与孔道壁之间的反摩擦影响,可用下法测定:即在孔道摩擦损失测定后,张拉端千斤顶卸载过程中,当固定端传感器读数开始下降时,立即读出张拉端压力表读数,即可求出反摩擦损失(图4-7)。

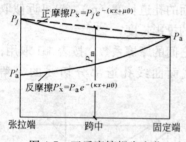

图 4-7 正反摩擦损失变化

2) 测试分析

(1) 跨中张拉力 P_m 计算:

$$P_m = P_j \times e^{-(\kappa x + \mu\theta)/2} = P_j \times \sqrt{e^{-(\kappa x + \mu\theta)}} = P_j \times \sqrt{\frac{P_a}{P_j}} = \sqrt{P_j \cdot P_a}$$

(4-13)

式中 P_j ——张拉端张拉力(N);

P_a ——固定端实测拉力(N)。

(2) κ、μ 值计算:

在实际生产中,每束预应力筋的 κ、μ 值是波动的,分别选择两束的测试数据解联立方程求 κ、μ 值是不正确的。用最小二乘法解多束联立方程组求得 κ、μ 的值有一定的参考价值，但反映不出 μ 值波动情况。目前，一般算法是先确定 κ 值（根据直线束测试或设计取值），再根据曲线束测试数据按下式计算 μ 值。

$$\text{正摩擦 } \mu = \frac{-\ln\left(\dfrac{P_a}{P_j}\right) - \kappa x}{\theta} \tag{4-14}$$

同理，也可算出反摩擦 μ 值。

如孔道摩擦损失实测值与计算值相差较大，导致张拉力偏差超过 $\pm 5\%$，则应调整预应力筋的张拉力。

3. 减少孔道摩擦损失的措施

1）改善预留孔道与预应力筋制作质量

孔道局部偏差的影响系数，不仅理解为孔道本身有无局部弯曲，而且包括预应力筋弯折、端部锚垫板与孔道不垂直、张拉时对中程度等影响。尤其是端部锚垫板与孔道不垂直时难于对中，迫使预应力筋紧贴孔壁，增大摩擦力。

对多跨曲线预应力筋，适当增大预留孔道直径，并保持预应力筋表面洁净状态，可有效减少孔道摩擦损失。

2）采用润滑剂

对曲线段包角大的孔道，预应力损失大。可采用涂刷肥皂液、复合钙基脂加石墨、工业凡士林加石墨等润滑剂，以减少摩擦损失，μ 值可降至 $0.1 \sim 0.15$。工业凡士林加石墨的 μ 值稍高于复合钙基脂加石墨，但遇水不皂化，防锈性能比复合钙基脂好。

对有粘结预应力筋，润滑油偶尔可用，但随后要用水冲掉，以免破坏最后靠灌浆粘结。

3）采取超张拉方法

预应力筋采取超张拉，是减少孔道摩擦损失的有效措施。减少摩擦所需的超张拉与减少锚固损失的超张拉可不叠加，取其中最大值。

4.4.2 锚固损失

锚固损失是指张拉端锚固时由于预应力筋内缩引起的预应力损失。根据预应力筋的线形不同,分别采取下列算法。

1. 先张法构件直线预应力筋的锚固损失 σ_{l1}

可按下式计算:

$$\sigma_{l1} = \frac{a}{L} E_s \qquad (4\text{-}15)$$

式中 a ——张拉端预应力筋内缩值(mm),按表 4-2 取用;
$\quad\ L$ ——张拉端至固定端之间的距离(mm);
$\quad\ E_s$ ——预应力筋弹性模量(N/mm^2)。

块体拼成的结构,其预应力损失尚应考虑块体间填缝的预压变形。对于采用混凝土或砂浆为填缝材料时,每条填缝的预压变形值为 1mm。

张拉端锚固时预应力筋内缩值 a (mm)　　表 4-2

项次	锚具类别		a
1	支承式锚具	螺母缝隙	1
		每块后加垫板缝隙	1
2	夹片式锚具	有顶压时	5
		无顶压时	6~8

2. 后张法构件预应力筋的锚固损失

由于孔道反向摩擦的作用,锚固损失 σ_{l1} 在张拉端最大,沿预应力筋长度逐步减小,直至消失。

1) 基本假定

为简化预应力筋锚固损失的计算方法,可采取以下两点假定:

(1) 孔道摩擦损失的指数曲线简化为直线,即孔道摩擦损失公式简化为:

$$\sigma_{l2}=\sigma_{\text{con}}(\kappa x+\mu\theta)$$

(2) 假定正反摩擦损失斜率相等。实际上，当正反摩擦系数相等时，反摩擦损失斜率小于正摩擦损失斜率，两者不相等。简化为相等后，其计算值大 5% 左右，偏于安全。

2）计算原理

根据预应力筋在锚固损失影响区段的总变形值等于预应力筋内缩值（a）的变形协调原理，求出锚固损失，即：

$$a=\omega/E_S，移项得\ aE_S=\omega \qquad (4\text{-}16)$$

式中 ω ——锚固损失影响区段的应力图形面积（N/mm² · min）；

E_S ——预应力筋的弹性模量（N/mm²）。

3）基本算式

图 4-8 示出抛物线形预应力筋锚固损失计算简图。锚固损失的应力图形面积等于 $\triangle ABC$ 面积，即

$$\omega=mL_f\times L_f=mL_f^2$$

代入式（4-16），移项得：

$$锚固损失影响长度\ L_f=\sqrt{\frac{aE_S}{m}} \qquad (4\text{-}17)$$

$$m=\frac{\sigma_{\text{con}}(\kappa x+\mu\theta)}{x}$$

张拉端锚固损失 $\qquad \sigma_{l1}=2mL_f \qquad (4\text{-}18)$

式中 m ——孔道摩擦损失斜率（N/mm²/mm）；

L_f ——锚固损失影响长度（mm），即孔道反向摩擦影响长度（mm）。

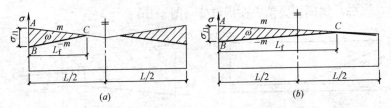

图 4-8 单抛物线预应力筋锚固损失计算简图
(a) $L_f \leqslant L/2$; (b) $L_f > L/2$

从图 4-8 中可以看出：

(1) 锚固损失的影响长度 $L_f \leqslant L/2$ 时，跨中处锚固损失等于零；

(2) $L_f > L/2$ 时，跨中处锚固损失 $\sigma_{l1} = 2m(L_f - L/2)$

4) 演变算式

(1) 锚固损失消失在反弯点外的情况（图 4-9）

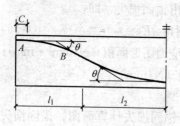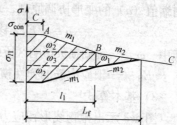

图 4-9 锚固损失消失在反弯点外的计算简图

$$\omega = \omega_1 + 2\omega_2 + \omega_3 = m_2(L_f - l_1)^2 + m_1(l_1^2 - c^2) + 2m_2(L_f - l_1)l_1$$
$$= m_2(L_f^2 - l_1^2) + m_1(l_1^2 - c^2)$$

代入式 (4-16) 移项得：

$$L_f = \sqrt{\frac{aE_S - m_1(l_1^2 - c^2)}{m_2} + l_1^2} \quad (4-19)$$

$$\sigma_{l1} = 2m_1(l_1 - c) + 2m_2(L_f - l_1) \quad (4-20)$$

式中

$$m_1 = \frac{\sigma_A(\kappa l_1 - \kappa c + \mu\theta)}{l_1 - c};$$

$$m_2 = \frac{\sigma_B(\kappa l_2 + \mu\theta)}{l_2}$$

(2) 锚固损失消失在折点处（图 4-10）

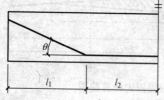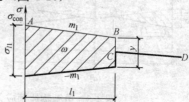

图 4-10 锚固损失消失于折点处的计算简图

$$\omega = ml_1^2 + yl_1$$

代入式（4-16），移项得

$$y = \frac{aE_S - ml_1^2}{l_1} \tag{4-21}$$

式中 $m = \sigma_{con} \cdot \kappa$。

如 $y \leqslant 2\sigma_{con}(1-\kappa l_1)\mu\theta$，则锚固损失消失于折点处

$$\sigma_{l1} = 2ml_1 + y \tag{4-22}$$

（3）锚固损失消失于折点外的线段（图 4-11）

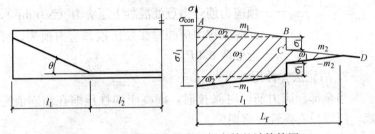

图 4-11 锚固损失消失于折点外的计算简图

$$\omega = \omega_1 + 2\omega_2 + \omega_3 = m_2(L_f - l_1)^2 + m_1 l_1^2 + [2\sigma_1 l_1 + 2m_2(L_f - l_1)l_1] = m_2(L_f^2 - l_1^2) + m_1 l_1^2 + 2\sigma_1 l_1$$

代入式（4-16），移项得：

$$L_f = \sqrt{\frac{aE_S - m_1 l_1^2 - 2\sigma_1 l_1}{m_2} + l_1^2} \tag{4-23}$$

$$\sigma_{l1} = 2m_1 l_1 + 2\sigma_1 + 2m_2(L_f - l_1) \tag{4-24}$$

式中 $m_1 = \sigma_{con} \cdot \kappa$

$\sigma_1 = \sigma_{con}(1 - \kappa l_1)\mu\theta$；

$m_2 = \sigma_{con}(1 - \kappa l_1)(1 - \mu\theta)\kappa$

对多种曲率组成的预应力筋，均可从式（4-16）基本算式推出 L_f 计算式，再求 σ_{l1}。

4.4.3 弹性压缩损失

弹性压缩损失是指先张法构件放张或后张法构件分批张拉时

由于混凝土受到弹性压缩引起的预应力损失。

1. 先张法弹性压缩损失

先张法构件放张时,预应力传递给混凝土使构件缩短,预应力筋随着构件缩短而引起的应力损失 σ_{l3},可按下式计算:

$$\sigma_{l3}=E_S\times\frac{\sigma_{pc}}{E_c} \qquad (4\text{-}25)$$

式中　E_S、E_c——分别为预应力筋与混凝土的弹性模量(N/mm²);

　　　σ_{pc}——预应力筋合力点处混凝土压应力(N/mm²),此时张拉力应扣除张拉阶段预应力损失,可近似取 $0.9P_j$。

2. 后张法弹性压缩损失

当全部预应力筋同时张拉时,混凝土弹性压缩在锚固前完成,所以没有弹性压缩损失。

当多根预应力筋依次张拉时,先批张拉的预应力筋,受后批预应力筋张拉所产生的混凝土压缩而引起的平均应力损失 σ_{l3},可按下式计算:

$$\sigma_{l3}=0.5E_S\times\frac{\sigma_{pc}}{E_c} \qquad (4\text{-}26)$$

式中　σ_{pc}——同公式(4-25),但不包括第一根(批)预应力筋张拉力。

对配置曲线预应力筋的框架梁,可近似地按轴心受压计算,当框架梁施加预应力时,如弹性压缩值很小,σ_{l3} 可忽略不计。

后张法弹性压缩损失在设计中一般没有计算在内,可采取以下办法解决:

1) 计算分批张拉时的预应力损失值,分别加在先张拉预应力筋的控制应力值内。这种办法理论上很好,但每根预应力筋张拉力不同,给施工增加麻烦;

2) 采用同一张拉值逐根复拉补足,这种处理虽不会搞错,

但增加张拉作业量;

  3)采用超张拉措施,将弹性压缩平均损失值加到张拉力内。

4.4.4 预应力筋应力松弛损失

预应力筋的应力松弛损失 σ_{l4},可按下列各式计算。

1. 预应力钢丝、钢绞线

普通松弛级 $\sigma_{l4}=0.4\left(\dfrac{\sigma_{\mathrm{con}}}{f_{\mathrm{ptk}}}-0.5\right)\sigma_{\mathrm{con}}$ (4-27)

低松弛级   当 $\sigma_{\mathrm{con}} \leqslant 0.7 f_{\mathrm{ptk}}$ 时,

$$\sigma_{l4}=0.125\left(\dfrac{\sigma_{\mathrm{con}}}{f_{\mathrm{ptk}}}-0.5\right)\sigma_{\mathrm{con}} \tag{4-28}$$

当 $0.7 f_{\mathrm{ptk}} < \sigma_{\mathrm{con}} \leqslant 0.8 f_{\mathrm{ptk}}$ 时,

$$\sigma_{l4}=0.20\left(\dfrac{\sigma_{\mathrm{con}}}{f_{\mathrm{ptk}}}-0.575\right)\sigma_{\mathrm{con}} \tag{4-29}$$

2. 高强螺纹钢筋

  初始应力 $80\% R_{0.1}$ 时,$\sigma_{l4} \leqslant 3.0\% \sigma_{\mathrm{con}}$

4.4.5 混凝土收缩和徐变损失

对现浇后张部分预应力混凝土梁板结构,考虑结构自重的影响,混凝土的收缩和徐变损失 σ_{l5} 可近似取 $50 \sim 80 \mathrm{N/mm}^2$,当构件自重大、活载小时取小值。

当结构处于年平均相对湿度低于 40% 的环境时,σ_{l5} 值应增加 30%。

4.5 预应力筋张拉伸长值

4.5.1 计算公式

预应力筋张拉伸长值的计算公式是根据预应力筋在弹性阶段

的应力与应变成正比确定。从高强度低松弛钢丝和钢绞线的应力-应变曲线中可以看出，预应力筋的比例极限（弹性范围）等于或稍高于 $0.8f_{ptk}$，施工中张拉控制应力最大值 $0.8f_{ptk}$ 在弹性范围内。

1. 先张法预应力筋张拉伸长值

先张法预应力筋是在构件浇筑混凝土前在台座上张拉，没有孔道摩擦损失。

$$\Delta L_P = \frac{P_j L_P}{E_S A_P} \tag{4-30}$$

式中　ΔL_P——预应力筋张拉伸长值（mm）；
　　　P_j——预应力筋张拉力（N）；
　　　L_P——预应力筋长度（mm）；
　　　E_S——预应力筋弹性模量（N/mm²）；
　　　A_P——预应力筋截面面积（mm²）。

2. 后张法预应力筋张拉伸长值

后张法预应力筋是在混凝土孔道内进行张拉，存在孔道摩擦损失，张拉力沿孔道长度递减，其张拉伸长值，可按下列公式计算。

1）精确计算法（图 4-12（a））

$$\Delta L_P = \int_0^{L_P} \frac{P_j e^{-(\kappa x + \mu\theta)}}{A_P E_S} dx = \frac{P_j L_P}{A_P E_S}\left[\frac{1-e^{-(\kappa L_P + \mu\theta)}}{\kappa L_P + \mu\theta}\right] \tag{4-31}$$

式中各参数定义与式（4-11）、式（4-30）相同。

2）简化计算法（图 4-13（b））

$$\Delta L_P = \frac{P_m L_P}{A_P E_S} \tag{4-32a}$$

式中　P_m——预应力筋的平均张拉力，取张拉端拉力与计算截面扣除孔道摩擦损失后的拉力平均值；

$$P_m = P_j\left[\frac{1+e^{-(\kappa x + \mu\theta)}}{2}\right] \tag{4-32b}$$

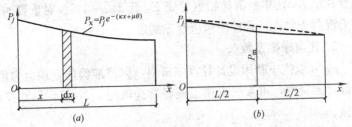

图 4-12 曲线预应力筋张拉伸长值计算简图
(a) 精确法；(b) 简化法

根据多种类型预应力筋张拉伸长值实例分析，简化法与精确法的计算结果相差仅为 0.4%～0.7%。因此，计算预应力筋张拉伸长值时广泛采用简化计算公式。

4.5.2 公式应用

1. 多曲线段张拉伸长值

对多曲线段或直线段与曲线段组合的预应力筋，张拉伸长值应分段计算，然后叠加，较为准确。

采用简化法分段计算张拉伸长值时，公式 (4-32a) 可改写为

$$\Delta L_P = \sum_{i=1}^{n} \frac{(\sigma_{ia} + \sigma_{ib}) L_i}{2 E_S} \quad (4\text{-}33)$$

式中　L_i——第 i 线段预应力筋长度 (mm)；

σ_{ia}、σ_{ib}——分别为第 i 线段两端的预应力筋应力 (N/mm²)。

公式 (4-33) 的应用：可采用列表法先求出各分段两端扣除孔道摩擦损失后的预应力筋应力，再逐段计算 ΔL_{Pi} 值，叠加得总 ΔL_P 值；或编制软件计算，更为方便。

2. 预应力筋弹性模量

预应力筋的弹性模量波动范围为 3%～5%。根据现行国家标准。对钢丝 $E_S = (2.05 \pm 0.1) \times 10^5$ MPa，对钢绞线 $E_S = (1.95 \pm 0.1) \times 10^5$ MPa 可供参考。预应力钢丝束和钢绞线束张拉时存在同束各根长度参差不齐和应力不匀现象，导致钢丝束和

钢绞线束 E_S 比单根钢丝和钢绞线 E_S 低 2%～3%。对重要的预应力混凝土结构，弹性模量应事先测定。

3. 孔道摩擦系数

κ、μ 取值应套用设计计算书资料，以便准确建立预应力值，如设计无资料，可参照以往工程经验选取的 κ、μ 值计算张拉伸长值。

预应力筋试张拉时，如遇到张拉伸长计算值与实测值偏差较大，则应会同设计人员调整 κ、μ 值，重算张拉伸长值。

4. 曲率半径很小的预应力筋

近年来，在有些工程的特殊部位配有曲率半径小于 3m 的预应力筋。张拉时不但孔道摩擦系数显著增加而且紧贴孔道的钢绞线与外侧钢绞线的应力相差较大，外侧钢绞线应力会超过钢材的比例极限，公式（4-32）已不适用。该类结构设计时，张拉控制应力应降至 $(0.60\sim0.65)f_{ptk}$，以保证张拉过程中每根预应力筋的应力在比例极限内。

4.6 锚固区局部受压承载力验算

锚固区是指在混凝土构件或结构端部锚具下的局部高应力逐步扩散到正常压应力的区段。锚固区构造设计与施工，直接影响预应力筋张拉的成败，应予以高度重视。

锚固区构造设计一般应由设计单位提供。如设计人员提供的构造设计不完善或锚固区布置需要修改时，预应力施工单位应进行局部受压承载力验算，确保质量。

4.6.1 局部受压区截面尺寸

配置间接钢筋的混凝土结构构件，其局部受压区的截面尺寸应符合下列要求：

$$F_l \leqslant 1.35\beta_l f_c A_{ln} \tag{4-34}$$

$$\beta_l = \sqrt{\frac{A_b}{A_l}}$$

式中 F_l ——后张法预应力构件锚头局压区的压力设计值（N），取 1.2 倍张拉力；

β_l ——混凝土局部受压时的强度提高系数；

A_b ——局部受压的计算底面积（mm^2），可按图 4-13 取用；

A_l ——混凝土局部受压面积（mm^2）；

A_{ln} ——混凝土局部受压净面积（扣除孔道、凹槽面积）（mm^2）；

f_c ——混凝土轴心抗压强度设计值（N/mm^2）；根据张拉阶段混凝土强度 f'_{cu} 确定。

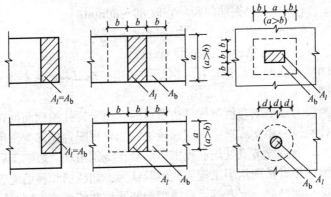

图 4-13 局部受压的计算底面积

4.6.2 局部受压区承载力

配置螺旋式或方格网式间接钢筋且其核心面积 $A_{cor} \geqslant A_l$ 时，局部受压承载力应符合下列规定：

$$F_l \leqslant 0.9(\beta_l f_c + 2\rho_y \beta_{cor} f_y) A_{ln} \qquad (4\text{-}35)$$

式中 β_{cor} ——配置间接钢筋的局部受压承载力提高系数，但 A_b 以 A_{cor} 代替，当 $A_{cor} > A_b$ 时，应取 $A_{cor} = A_b$；

f_y——钢筋抗拉强度设计值（N/mm²）；
A_{cor}——间接钢筋内表面范围内的混凝土核心面积（mm²）；
ρ_V——间接钢筋的体积配筋率；

对钢筋网片 $\rho_V = \dfrac{n_1 A_{S1} l_1 + n_2 A_{S2} l_2}{A_{cor} s}$

对螺旋筋 $\rho_V = \dfrac{4 A_{SS1}}{d_{cor} s}$

n_1、A_{S1}——方格网沿 l_1 方向钢筋根数、单根钢筋截面面积（mm²）；

n_2、A_{S2}——方格网沿 l_2 方向钢筋根数、单根钢筋截面面积（mm²）；

A_{SS1}——单根螺旋筋截面面积（mm²）；

d_{cor}——螺旋筋内表面范围内的混凝土截面直径（mm²）；

s——间接钢筋间距，宜取 30~80mm；

l_1——方格网短边尺寸（mm）；

l_2——方格网长边尺寸（mm）。

间接钢筋配置范围≥l_1（钢筋网短边）或 d_{cor}，且不少于 4 片（圈）。

预应力筋锚固在框架梁柱边节点时，由于梁柱的钢筋均在该节点处通过并相交或搭接，配筋较密，如果再配置局部受压用钢筋网片，会造成节点处配筋很密，混凝土浇筑困难，影响工程质量。根据作者长期从事工程实践经验认为：如柱筋和箍筋配置得当、梁端面筋缩进下弯等，可减少钢筋网片并使该节点钢筋配置较均匀，有利于混凝土浇筑密实。

4.7 计 算 示 例

【例 4-1】 今有 15m 单跨预应力混凝土简支梁的截面尺寸为 400mm×1000mm，预应力筋布置如图 4-14（a）所示。预应力筋采用 2 束 5ϕ^s15.2 钢绞线束，锚固端采用 OVM15-5 型夹片锚具。预应力筋强度标准值 $f_{ptk} = 1860\text{N/mm}^2$，张拉控制应力 $\sigma_{con} =$

$0.7 \times 1860 = 1302 \text{N/mm}^2$，弹性模量 $E_s = 1.95 \times 10^5 \text{N/mm}^2$。预应力筋孔道采用预埋 $\phi 55$ 金属波纹管成型，$\kappa = 0.003$，$\mu = 0.30$，锚固时预应力筋内缩值 $a = 7\text{mm}$。拟采用一端张拉工艺，是否合适。

【解】 1. 孔道摩擦损失 σ_{l2}（从 A 点至 C 点）

$$\theta = \frac{2 \times 4 \times (1000 - 100 - 200)}{15000} = 0.373$$

$$\sigma_{l2} = \left(1 - \frac{1}{e^{0.003 \times 15 + 0.3 \times 0.373}}\right) \times 1302 = 189 \text{N/mm}^2$$

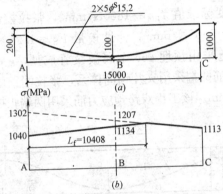

图 4-14 单跨预应力混凝土简支梁
(a) 预应力筋布置；(b) 预应力筋张拉锚固阶段建立的应力

2. 锚固损失 σ_{l1}

$$m = \frac{189}{15000} = (0.0126 \text{N/mm}^2)/\text{mm}$$

代入式 (4-17)，$L_f = \sqrt{\dfrac{7 \times 1.95 \times 10^5}{0.0126}} = 10408 \text{mm}$

张拉端 $\sigma_{l1} = 2 \times 0.0126 \times 10408 = 262 \text{N/mm}^2$

跨中处 $\sigma_{l1} = 2 \times 0.0126 \times (10408 - 7500) = 73 \text{N/mm}^2$

3. 预应力筋张拉锚固阶段建立的应力 [图 4-14 (b)]

张拉端 $\sigma_A = 1302 - 262 = 1040 \text{N/mm}^2$

跨中处 $\sigma_B = 1207 - 73 = 1134 \text{N/mm}^2$

固定端 $\sigma_C = 1302 - 189 = 1113 \text{N/mm}^2$

4. 小结

锚固损失影响长度 $L_f > 0.5l$,$\sigma_A < \sigma_C$,该曲线预应力筋应采用一端张拉工艺。

【例 4-2】 某工业厂房采用双跨 $2 \times 18m$ 预应力混凝土框架结构体系。预应力混凝土框架梁截面尺寸为 $400mm \times 1200mm$,预应力筋布置如图 4-15 所示。预应力筋采用 2 束 $7\phi^S 15.2$ 钢绞线束,由边支座处斜线、跨中处抛物线与内支座处反向抛物线组成,反弯点距内支座的水平距离 $al = 0.15 \times 18000 = 2700mm$。预应力筋强度标准值 $f_{ptk} = 1860N/mm^2$,张拉控制应力 $\sigma_{con} = 0.75 \times 1860 = 1395N/mm^2$,弹性模量 $E_S = 1.95 \times 10^5 N/mm^2$。预应力筋孔道采用预埋 $\phi 65$ 金属波纹管成型,$\kappa = 0.003$,$\mu = 0.3$。预应力筋两端采用夹片锚固体系,张拉端锚固时预应力筋内缩值 $a = 7mm$。该工程双跨预应力筋采用两端张拉工艺。

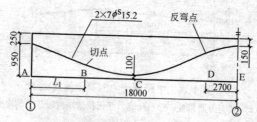

图 4-15 双跨框架梁预应力筋布置

试求:(1) 曲线预应力筋各点坐标高度;
(2) 曲线预应力筋下料长度;
(3) 张拉锚固阶段预应力筋建立的应力;
(4) 曲线预应力筋张拉伸长值。

【解】 1. 曲线预应力筋各点坐标高度(图 4-16)

直线段 AB 投影长度 L_1 按式(4-5)计算:

$$L_1 = \frac{18000}{2}\sqrt{1 - \frac{850}{950} + 2 \times 0.15 \times \frac{850}{950}} = 5500mm$$

反弯点 D 的坐标高度 $h = 100 + 950 \times 2 \times (0.5 - 0.15) = 765mm$。

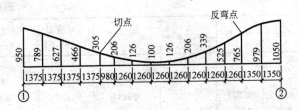

图 4-16 曲线预应力筋各点坐标高度

设抛物线曲线方程：跨中区段为 $y=A_1 x^2$；支座区段为 $y=A_2 x^2$，按式（4-4）求得

$$A_1=\frac{2\times 950}{(0.5-0.15)\times 18000^2}=16.75\times 10^{-6}$$

$$A_2=\frac{2\times 950}{0.15\times 18000^2}=39.10\times 10^{-6}$$

根据系数 A_1 和 A_2，就可算出曲线预应力筋各点坐标高度。例如，跨中区段当 $x=4\times 1260=5040$mm 时，$y=16.75\times 10^{-6}\times 5040^2+100=525$mm。AB 段直线预应力筋各点坐标高度，可按比例关系算出。

2. 曲线预应力筋下料长度 L

$$L_{AB}=\sqrt{5500^2+645^2}=5538\text{mm}$$

$$L_{BE}=(18000-5500)\times\left(1+\frac{8\times 285^2}{3\times 5400^2}\right)$$

$$=12500\times 1.0074=12593\text{mm}$$

采用 YCW150B 千斤顶，查表 3-5 得 $A=570$mm

$$L=2\times(5538)+12593)+2\times 570=37402\text{mm}$$

3. 张拉锚固阶段预应力筋建立的应力

预应力筋各线段 θ 角计算：

BC 段 $\theta_1=\dfrac{645}{5500}=0.117\text{rad}$，CD 段 $\theta_2=\dfrac{4\times 665}{12600}=0.211\text{rad}$

张拉时预应力筋各线段终点应力计算，列于表 4-3。

表 4-3

线段	x(m)	θ(rad)	$\kappa x+\mu\theta$	$e^{-(\kappa x+\mu\theta)}$	终点应力 (N/mm²)	张拉伸长值 (mm)
AB	5.5	0	0.0165	0.9836	1372	39.0
BC	3.5	0.117	0.0456	0.9554	1311	24.1
CD	6.3	0.211	0.0822	0.9211	1208	40.7
DE	2.7	0.211	0.0714	0.9311	1125	16.2

注：当曲线预应力筋的曲率较小时，x 可近似取水平段投影长度。

锚固时预应力筋各线段应力变化计算：

$$m_1=\frac{1395-1372}{5500}=0.0042\text{N/mm}^2/\text{mm}$$

$$m_2=\frac{1372-1311}{3500}=0.0174\text{N/mm}^2/\text{mm}$$

$$L_f=\sqrt{\frac{7\times1.95\times10^5-0.0042\times5500^2}{0.0174}+5500^2}=10070\text{mm}$$

A 点锚固损失 $\sigma_{l1}=2\times0.0042\times5500+2\times0.0174(10070-5500)=205\text{N/mm}^2$。

张拉端预应力筋应力 $\sigma_A=1395-205=1190\text{N/mm}^2$

同理，求得 B、C、D、E 各点预应力筋应力。图 4-17 绘出张拉阶段曲线预应力筋沿长度方向建立的应力。

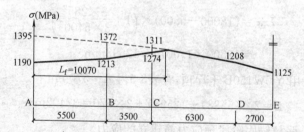

图 4-17 张拉阶段曲线预应力筋沿长度方向建立的应力

4. 曲线预应力筋张拉伸长值

该工程双跨曲线预应力筋采取两端张拉方式，按式（4-33）分段简化计算张拉伸长值。

AB 段张拉伸长值 $\Delta L_{AB} = \dfrac{(1395+1372) \times 5500}{2 \times 1.95 \times 10^5} = 39.0 \text{mm}$

同理，可算出其他各段张拉伸长值，列入表 4-3 内。

双跨曲线预应力筋张拉伸长值总计为 $(39+24.1+40.7+16.2) \times 2 = 240 \text{mm}$。

【例 4-3】 续例 4-2，框架边柱截面尺寸 650mm×750mm，纵筋 7⌀25；还有纵向边梁穿过框架梁柱节点，混凝土强度等级 C35。框架梁端面筋 6⌀25，OVM15-7 锚垫板尺寸 210mm×210mm。要求混凝土达到 90% 强度后进行张拉。需要核算张拉端局部受压面积和承载力。

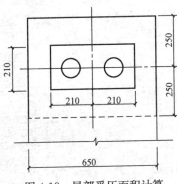

图 4-18 局部受压面积计算

【解】 1. 局部受压区截面尺寸

$F_l = 1.2 \times 195 \times 14 = 3276 \text{kN}$, $\beta_l = \sqrt{\dfrac{650 \times 500}{210 \times 210 \times 2}} = 1.92$

$A_{ln} = 210 \times 210 \times 2 - \dfrac{\pi \times 95^2}{4} \times 2 = 74030 \text{mm}^2$,

90%C35 时，$f_c = 15 \text{MPa}$

$1.35 \times 1.92 \times 15 \times 74030 = 2878 < 3276 \text{kN}$，不足，可采取下列措施之一：

1) 混凝土强度达到 100% 时张拉，$f_c = 16.7 \text{MPa}$，重新计算，满足要求。

2) 利用上层柱混凝土强度，扩大底面积 $A_b = 650 \times$

630mm^2，$\beta_l=2.15$ 重新计算，满足要求。

2. 局部受压区承载力

配置井字形 $\phi 12$ 钢筋网片，间距 50mm，共 4 片，井内尺寸为 $210\text{mm}\times 210\text{mm}$，筋长 250mm。

$$\rho=\frac{2\times 113\times 250\times 2}{210\times 210\times 50}=0.051 \quad \beta_{\text{cor}}=1$$

$0.9\times(1.92\times 15.0+2\times 0.051\times 1\times 210)\times 74030=3346>3276\text{kN}$，可以。

5 预应力施工工艺

5.1 后张法预应力施工

后张法预应力施工是先制作构件或结构，待混凝土达到一定强度后，在构件或结构中张拉预应力筋的方法。后张法预应力施工，不需要台座设备，灵活性大，广泛用于施工现场生产大型预制预应力混凝土构件和现浇预应力混凝土结构。后张法预应力施工，又可分为有粘结预应力施工、无粘结预应力施工和缓粘结预应力施工三类。

有粘结预应力施工：混凝土构件或结构制作时，在预应力筋部位预留孔道，浇筑混凝土并进行养护；预应力筋穿入孔道，待混凝土达到设计要求的强度，张拉预应力筋并用锚具锚固；最后进行孔道灌浆与封锚。这种施工方法通过孔道灌浆，使预应力筋与混凝土构件结构形成一体，提高了预应力筋的锚固可靠性与耐久性，广泛用于主要承重构件或结构施工。

无粘结预应力施工：混凝土构件或结构制作时，预先铺设无粘结预应力筋，浇筑混凝土并进行养护；待混凝土达到设计要求的强度后，张拉预应力筋并用锚具锚固，最后进行封锚。这种施工方法不需要留孔灌浆，施工方便，但预应力只能永久地靠锚具传递给混凝土，宜用于分散配置预应力筋的楼板与墙板、次梁及低预应力度的主梁等。

缓粘结预应力施工：混凝土构件或结构制作时，预先铺设缓粘结预应力筋，浇筑混凝土并进行养护；待混凝土达到设计要求的强度后，缓粘结剂固化之前，张拉预应力筋并用锚具锚固，最后进行封锚。这种施工方法是在钢绞线周围包裹一种可预期凝固时间的粘结剂，前期预应力筋与粘结剂几乎没有粘结力，与无粘结预应力筋相同；后期粘结剂固化后其强度高于混凝土，形成有粘结预应力。缓粘结预应力集中了无粘结预应力施工方便和有粘结预应力锚固可靠、耐久性好的优点。

5.1.1 预应力筋孔道留设

20世纪80年代开始，大跨度预应力建筑、桥梁与特种结构迅速地发展，高强预应力材料得到了普遍的应用，对结构的整体性和耐久性也要求越来越高。为适应预应力筋越来越长、配筋越来越多、张拉吨位越来越大、曲线形状越来越复杂的要求，预应力筋的留孔管材和施工工艺也得到了相应发展。目前应用最广的是镀锌双波金属波纹管，塑料波纹管的应用也日益增多，在一些特种结构中也有采用钢管留孔。

5.1.1.1 留孔管材

1. 金属波纹管

金属波纹管也称螺旋管，见图5-1，是用冷轧钢带在卷管机上压波后螺旋咬合而成。金属波纹管具有自重轻、刚度好、弯折方便、连接简单与混凝土粘结好等优点，广泛应用于各类直线与曲线孔道。

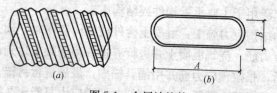

图5-1 金属波纹管
(a) 双波圆形波纹管；(b) 扁形波纹管

金属波纹管按照每两个相邻的折叠咬口之间凸出部（即钢带宽度内）的数量分为单波与双波；按照径向刚度分为标准型和增强型；按照截面形状分为圆管和扁管；按照表面处理情况分为镀锌管和不镀锌管。工程中一般采用镀锌双波金属波纹管。

圆形波纹管和扁形波纹管的规格，见表 5-1 和表 5-2。

金属圆形波纹管规格（mm） 表 5-1

内径		40	45	50	55	60	65	70	75	80	85	90	95	100	105	110	115	120
允许偏差		+0.5												+1.0				
壁厚	标准型	0.25	0.30															
	增强型	/						0.4						0.50				

注：波纹高度：单波 2.5mm，双波 3.5mm。

金属扁形波纹管规格（mm） 表 5-2

内短轴	长度 B	19				22			
	允许偏差	+0.5				+1.0			
内长轴	长度 A	47	60	73	86	52	67	83	99
	允许偏差	±1.0				±2.0			
钢带厚度		0.30							

金属波纹管的长度，由于运输的关系一般为 6m，波纹管用量大时，生产厂家也可带卷管机到施工现场加工。这时，波纹管的长度可根据实际工程需要而定，既方便了施工，又减少了波纹管接头用量。

标准型圆形波纹管用途最广，扁形波纹管仅用于板类构件。增强型波纹管可代替钢管用于竖向预应力筋孔道或核电站安全壳等特殊工程。

2. 塑料波纹管

塑料波纹管是近几年引进和开发的新型留孔管材，具有强度高、刚度大、摩擦系数小、不导电和防腐性能好等特点，宜用于曲率半径小、密封性能好，以及抗疲劳要求高的孔道。

塑料波纹管（图 5-2），是以原始粒状的高密度聚乙烯（HDPE）或聚丙烯（PP）为材料，采用专用制管机经热溶挤出而成。

塑料波纹管有圆形管和扁形管两大类（图 5-2），分别适用于群锚和扁锚。圆形塑料波纹管供货长度一般为 6m、8m 和 10m；扁形塑料波纹管可成盘供货，每盘长度可根据工程需要和

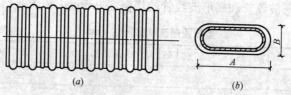

图 5-2 塑料波纹管
(a) 圆形塑料波纹管；(b) 扁形塑料波纹管

运输情况而定。塑料波纹管的波高为 4～5mm，波距为 30～60mm，圆形管和扁形管的规格见表 5-3 和表 5-4。

圆形塑料波纹管规格　　　　表 5-3

内径(mm)	标称值	50	60	75	90	100	115	130
	允许偏差	±1.0			±2.0			
外径(mm)	标称值	63	73	88	106	116	131	146
	允许偏差	±1.0			±2.0			
壁厚(mm)	标称值	2.5			3.5			
	允许偏差	+0.5						
不圆度		6.0%						

扁形塑料波纹管规格　　　　表 5-4

长轴(mm)	标称值	45	60	75	90
	允许偏差	±1.0			
短轴(mm)	标称值	22			
	允许偏差	+0.5			
壁厚(mm)	标称值	2.5		3.0	
	允许偏差	+0.5			

5.1.1.2　波纹管的合格性检验

1. 金属波纹管

金属波纹管作为预应力筋的套管应具有：在外荷载的作用下具有足够的抵抗变形的能力（径向刚度）和在浇筑混凝土过程中水泥浆不渗入管内两项基本要求。

1) 径向刚度性能

金属波纹管外观检查合格后，从每批中任意选取长度不小于 $5d$、且不小于 1.0m 的试件 2 组（每组 3 根），先检查波纹管内径与钢带厚度后,分别进行抵抗集中荷载和抵抗均布荷载试验,应符合表5-5的规定。

波纹管径向刚度要求　　　　　　表5-5

截面形状	圆 管	扁 管
集中荷载(N)	800	800
均布荷载(N)	$F=0.31d^2$	$F=0.25(A+B)A$
(外径允许变形值/内径)不大于	0.20	0.25

注:d为圆形波纹管直径,A、B分别为扁形波纹管的长轴和短轴。

2) 抗渗漏性能

波纹管抗渗漏性能分别有承受荷载后的抗渗漏和弯曲抗渗漏两种。

承受荷载后的抗渗漏试验是将做过径向刚度试验的波纹管竖放灌浆[图5-3(a)],弯曲抗渗漏是将波纹管弯成圆弧[图5-3(b)],分别作抗渗漏试验,试验方法应符合表5-6的规定,检查管壁有无漏浆现象,但允许渗水。

波纹管抗渗试验　　　　　　表5-6

试 验 状 态	高度(m)	矢高(m)	弯曲半径	水灰比	观察时间
承受荷载后的抗渗漏	≥1.0	/	/	0.5	30min
弯曲抗渗漏	/	≥1.0	30d		

如果一个项目检验不合格,则应加倍取样复验;如仍有一个项目不合格,则该批波纹管为不合格品,或逐根检验取用合格品。

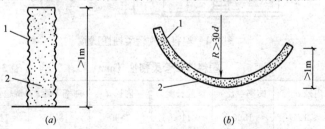

图5-3　抗渗试验
(a) 承受荷载后的抗渗试验;(b) 弯曲抗渗试验
1—波纹管;2—水泥浆

2. 塑料波纹管

塑料波纹管作为预应力筋的套管应满足环刚度、局部横向荷载、柔韧性和不圆度等基本要求。

所有试件试验前均应在试验环境（23±2）℃进行状态调节。

1）不圆度

沿塑料波纹管同一截面量测管材的最大外径（d_{max}）和最小外径（d_{min}）按式（5-1）计算管材的不圆度值 Δd。取 5 个试样试验结果的算术平均值作为不圆度，应小于 6%。

$$\Delta d = \frac{d_{max} - d_{min}}{d_{max} + d_{min}} \times 200\% \tag{5-1}$$

2）柔韧性

将一个长 1100mm 塑料波纹管试样，垂直地固定在测试平台上，按图 5-4 所示位置安装两块弧形模板，其圆弧半径应符合表 5-7 的规定。

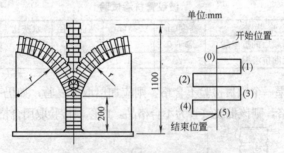

图 5-4 塑料波纹管柔韧性试验

塑料波纹管柔韧性（mm） 表 5-7

内径 d	曲率半径 r	试验长度 L	内径 d	曲率半径 r	试验长度 L
≤90	1500	1100	>90	1800	1100

在试件上部 900mm 范围内，用手缓慢向两侧弯曲样件至弧形模板（见图 5-4），左右往复弯曲 5 次。按图 5-5 做一塞规，当

样件弯曲至最终结束位置保持弯曲状态 2min 后，塞规能顺利地从塑料波纹管内通过，则柔韧性合格。

3) 环刚度

从 5 根管材上各取长（300±10）mm 试件一段，按《热塑性塑料管材环刚度的测定》GB/T 9467 进行，上压板下降速度为（5±1）mm/min，记录当试件垂直方向的内径变形量为原内径的 3％时所受的负载，按式（5-2）计算其环刚度，不应小于 6kN/m²。

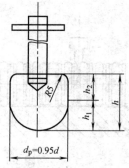

图 5-5 塞规的外形

d 为圆形塑料波纹管内径；$h=1.25d$；$h_1=0.5d_p$；$h_2=0.75d_p$

$$s = \left(0.00186 + 0.025 \times \frac{\Delta Y}{d_i}\right) \times \frac{F}{\Delta Y \cdot L} \quad (5-2)$$

式中　s——试件的环向刚度（kN/m²）；

　　　ΔY——试件垂直方向的内径 3％变化量（m）；

　　　F——试件垂直方向的内径 3％变形量的负载（kN）；

　　　d_i——试件内径（m）；

　　　L——试件长度（m）。

4) 局部横向荷载

取样件长 1100mm，每个样件测试一次。在试件中部位置波谷处取 1 点，用端部为 $R=6mm$ 的圆柱顶压头施加横向荷载 F，要求在 30s 内达到规定荷载值 800N，持荷 2min 后管材表面不应破裂；卸载 5min 后测管材残余变形量，5 个试件的平均值不得超过管材外径的 10％。加载图示见图 5-6。

塑料波纹管检验以批为单位，外观检查时每次抽检 5 根（段），当有 3 根（段）不符合进场验收要求时，则该 5 根（段）所代表的产品不合格；若有 2 根（段）不符合规定时，可再抽取 5 根（段）进行检测，若仍有 2 根（段）不符合规定，则该批产品为不合格。

在外观质量检验后，检验其他指标均合格时则判该批产品为

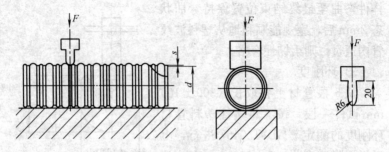

图 5-6 塑料波纹管横向荷载试验

合格批。

若其他指标中有一项不合格，则应在该产品中重新抽取双倍样品制作试件，对指标中不合格项目进行复检，复检全部合格，判该批为合格批；检测结果若仍有一项不合格，则判该批产品为不合格。复检结果作为最终判定的依据。

5.1.1.3 波纹管进场验收和保管

1. 进场验收

波纹管的规格和性能应符合行业标准《预应力混凝土用金属螺旋管》JG/T 3013 和《预应力混凝土桥梁用塑料波纹管》JT/T 529 的规定。

波纹管进场时或使用过程中应采用目测方法全数进行外观检查，金属波纹管内外表面应清洁、无锈蚀，不应有油污、孔洞和不规则的褶皱，咬口无开裂、无脱扣。塑料波纹管的外观应光滑、色泽均匀，内外壁不允许有隔体破裂、气泡、裂口、硬块和影响使用的划伤。

波纹管一批供货超过 10000m 时应做全部检测。对于波纹管用量较少的工程进场验收，当有可靠依据时，金属波纹管可不作径向刚度、抗渗漏性能的检测；塑料波纹管可不作环刚度、局部横向荷载和柔韧性的检测。

2. 保管

金属波纹管在室外保管的时间不宜过长，不可直接堆放在地面上，必须放在枕木上并用苫布覆盖等有效措施防止雨淋和各种腐蚀性气体、介质。在仓库内长期保管时，仓库应干燥、防潮、通风、无腐蚀气体和介质。

金属波纹管搬运时应轻拿轻放、不得抛甩或地上拖拉。吊装时不得以一根绳索在当中拦腰捆扎起吊。

塑料波纹管存放地点应平整，堆放高度不宜超过 2m，应储存在远离热源及油污或化学品污染源的地方；室外堆放不可直接堆放在地面上并应有遮盖物，避免暴晒。塑料波纹管储存期自生产之日起，一般不超过 1 年。

塑料波纹管在搬运时，不得抛摔或在地面拖拉，运输时防止剧烈的撞击，以及油污或化学品污染。塑料波纹管应用非金属绳捆扎，必要时用木架固定。

5.1.1.4 孔道留设构造要求

1) 预应力筋孔道的内径，宜比预应力筋和需穿过孔道的连接器外径大 10~15mm，且孔道截面面积宜取预应力筋净面积的 3.5~4.0 倍。

2) 预应力筋孔道的最小净距，应大于粗骨料最大直径的 4/3，对曲线筋孔道，竖直方向净距不应小于孔径 d，对使用插入式振动器穿过孔道捣实时，水平方向净距不应小于 $1.5d$（d 为波纹管内径）。

3) 预应力筋保护层的最小厚度（从孔壁算起），梁底为 50mm，梁侧为 40mm，板底为 30mm。

4) 预应力筋孔道的灌浆孔宜设置在孔道端部的锚垫板上，灌浆孔的间距不宜大于 30m。

预应力孔道应设有排气孔。曲线孔道的高差≥0.5m 时，在孔道峰顶处应设置泌水管，泌水管可兼作灌浆孔。

5) 曲线孔道的曲率半径不宜小于 4m。对折线孔道的弯折处，宜采用圆弧线过渡，其曲率半径可适当减小。

对曲线预应力筋端头，应有与曲线段相切的直线段，直线段长度不宜小于 300mm。

5.1.1.5 波纹管的连接与安装

1. 波纹管的连接

金属波纹管的接长可采用大一号同型波纹管作为接头管。接头管的长度：当管径为 $\phi 40\sim 65mm$ 时取 $200mm$；$\phi 70\sim 85mm$ 时取 $250mm$；$\phi 90\sim 105mm$ 时取 $300mm$。接头管两端用密封胶带纸封裹（图5-7），塑料波纹管的连接可采用熔焊法或专用塑料套管接头（图5-8）。

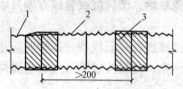

图5-7　金属波纹管的连接

1—波纹管；2—接头管；3—密封胶带

图5-8　塑料波纹管的连接

1—塑料波纹管；2—塑料接头管；3—密封胶带

预留孔道端部波纹管与承压钢板连接，一般是将波纹管直接延伸至承压钢板的孔洞外约 $50mm$［(图5-9(a)）］或铸铁锚垫板内［图5-9(b)］。采用镦头锚具时端部需设置扩大孔［图5-9(c)］，长度为 $500mm$。塑料波纹管与锚垫板的连接，可用专用塑料套管连接。在孔道洞口用柔性材料塞封后，防止水泥浆、雨水等杂物进入孔道。孔道端部承压板应与波纹管孔道中心线垂直。

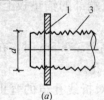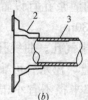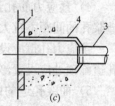

图5-9　端部处理

(a) 与钢板连接；(b) 与锚垫板连接；(c) 扩大孔

1—钢板；2—锚垫板；3—波纹管；4—扩大孔波纹管

2. 波纹管的安装

波纹管安装前,应按设计图纸要求在箍筋上标出波纹管曲线坐标位置,一般以波纹管底标高为准。

波纹管的固定,可采用钢筋支托,其间距:对圆形金属波纹管宜为1.0~1.2m,对扁形金属波纹管和塑料波纹管不宜大于1.0m。钢筋支托应焊在箍筋上,箍筋下面应用垫块按结构保护层垫实。波纹管安装就位后,必须用铁丝将波纹管与钢筋支托绑扎在一起,以防浇筑混凝土时波纹管上浮而引起严重的质量事故。

波纹管安装时接头位置宜错开,就位过程中应尽量避免波纹管反复弯曲,以防管壁开裂,同时,还应防止电焊火花灼伤管壁。

3. 灌浆孔的设置

灌浆孔(泌水孔、排气孔)与金属波纹管的连接,见图5-10。其做法:在波纹管开洞处覆盖海绵垫片与带嘴的塑料弧形压板并用铁丝扎牢,再用增强塑料管插在嘴上,并将其引出顶面不小于500mm。为避免漏浆,金属波纹管上可先不开孔,在外接塑料管内插一根钢筋,待孔道灌浆前,再用钢筋打穿波纹管。

塑料波纹管还可采用专用接头,见图5-11。

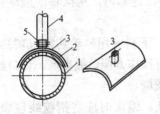

图5-10 灌浆孔的留设
1—波纹管;2—海绵垫片;3—塑料弧形压板;4—塑料管;5—铁丝绑扎

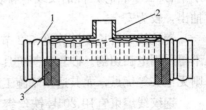

图5-11 塑料波纹管灌浆孔
1—塑料波纹管;2—专用灌浆孔接头;3—密封胶带

5.1.1.6 预应力筋孔道的质量要求

1)预留孔道及端部埋件的规格、数量、位置和形状应符合设计要求。

2) 曲线孔道控制点的竖向位置偏差限值应符合表 5-8 的要求。

曲线孔道控制点的竖向位置偏差限值（mm）　　表 5-8

构件厚度或高度	$h<300$	$300<h<1000$	$h>1000$
束形竖向位置偏差限值	±5	±10	±15

3) 孔道应平顺，端部预埋锚垫板应垂直于孔道中心线。

4) 预留孔道的定位应牢固，浇筑混凝土时不应出现移位或变形。

5) 孔道应密封良好，接头应严密不得漏浆。

6) 灌浆孔和泌水孔的孔径应能保证浆液流动畅通，排气孔不得遗漏或堵塞。

5.1.2 预应力筋制作

5.1.2.1 钢绞线下料与编束

钢绞线的盘重大、盘径小、弹力大，为了防止在下料过程中钢绞线紊乱或弹出伤人，事先应制作一个简易的铁笼（也可用脚手钢管）。下料时，将钢绞线盘卷装在铁笼内，从盘卷中央逐步抽出，较为安全。

钢绞线下料长度计算见 4.2 节。下料宜用砂轮切割机切割，不得采用电弧切割。砂轮切割机具有操作方便、效率高、切口规则无毛头等优点，尤其适用于施工现场。

钢绞线编束宜用 20 号铁丝绑扎。编束时应将钢绞线理顺，并尽量使各根钢绞线松紧一致。钢绞线单根穿入孔道时可不编束。

5.1.2.2 钢绞线固定端锚具组装

1. 挤压锚具组装

挤压设备可采用液压挤压机。该机由液压千斤顶、机架和挤压模组成,见图 5-12。其主要性能:额定油压 63MPa,工作缸面积 7000mm²,额定顶推力 440kN,额定顶推行程 160mm,外形尺寸 730mm×200mm×200mm。

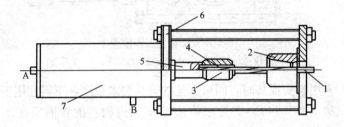

图 5-12 挤压机工作示意图
1—钢绞线;2—挤压模;3—挤压套;4—异性钢丝圈;5—顶杆;6—机架;
7—千斤顶;A—进油嘴;B—回油嘴

挤压机的工作原理:千斤顶的活塞杆推动挤压套通过喇叭形模具,使挤压套直径变细,异性钢丝圈脆断并分别嵌入挤压套与钢绞线中,以形成牢固的挤压头。操作时应注意的事项:

1)挤压模内腔要保持清洁,每次挤压后都要清理和防锈。

2)使用异性钢丝圈时,各圈钢丝应并拢,其一端与钢绞线端头平齐。

3)挤压套装在钢绞线端头挤压时,钢绞线、挤压模与活塞杆应在同一中心线上,以免挤压套被卡住。

4)挤压时压力表读数宜为 40~45MPa。

2. 压花锚具成型

压花锚具采用压花机成型,该机由液压千斤顶、机架和夹具等组成(图 5-13)。压花机的最大推力为 350kN,行程为 70mm。压花锚的制作过程:将钢绞线插入活塞杆端部的孔内,并由夹具夹紧,开动千斤顶使活塞杆向前移动将钢绞线顶散成梨形头。

5.1.2.3 钢丝下料与编束

低松弛钢丝放开后伸直性很好可直接下料。钢丝下料时如发现钢丝表面有电接头或机械损伤,应随时剔除。

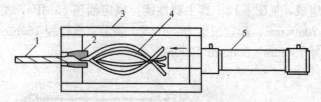

图 5-13 压花机工作原理
1—钢绞线；2—夹具；3—机架；4—梨形头；5—千斤顶

采用镦头锚具时，同束钢丝的等长要求很严，下料宜用钢管限位法（图 5-14）。钢管限位法的施工过程：钢管固定在木板上，钢管内径比钢丝直径大 3~5mm，钢丝穿过钢管至另一端角铁限位器时，用 DL-10 型镦头器的切断装置切断。限位器与切断器切口间的距离，即为钢丝的下料长度。

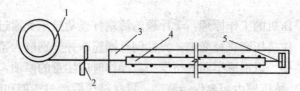

图 5-14 钢管限位法下料示意图
1—钢丝；2—切断器刀口；3—木板；4—ϕ10 钢管；5—角铁档头

为了保证钢丝束两端钢丝的排列顺序一致，穿束和张拉时不致紊乱，每束钢丝必须进行编束。

采用镦头锚具时，根据钢丝分圈布置的特点，首先将内圈与外圈钢丝分别用铁丝编扎，然后将内圈钢丝放在外圈钢丝内扎牢。为了简化钢丝编束，钢丝的一端可直接穿入锚杯，另一端距端部约 200mm 处编束，以便穿锚板时使钢丝能按相同顺序排列。钢丝的中间部分可根据长度适当编扎几道。

5.1.2.4 钢丝镦头

钢丝镦头是镦头锚具的一项关键技术。

镦头设备，采用液压冷镦器（图 5-15）。其型号、镦头压力与镦头尺寸见表 5-9。

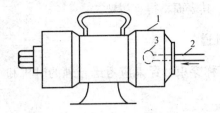
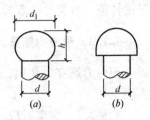

图 5-15 液压镦头器
1—镦头器；2—钢丝；3—镦头

图 5-16 镦头头型
(a) 蘑菇型；(b) 平台型

镦头压力与头型尺寸　　　　表 5-9

钢丝直径	镦头器型号	镦头压力 (N/mm^2)	头型尺寸(mm)	
			直径	高度
$\phi^P 5$	LD-10	32～36	7.0～7.3	4.7～5.2
$\phi^P 7$	LD-20	40～43	10.0～11.0	6.7～7.3

镦头头型，分为蘑菇型和平台型（图 5-16）。蘑菇型镦头的受力性能，受锚板硬度的影响较大，如锚板较软，镦头易陷入锚孔而被卡断。平台型镦头有一个平支承面，受力性能较好。对镦头的要求，镦头压力与头型尺寸满足表 5-9 要求，头型圆整、不偏歪，颈部母材不受损伤。

5.1.2.5 质量要求

1) 钢丝束两端采用镦头锚具时，同一束钢丝长度的最大偏差应不大于钢丝长度的 1/5000，且不得大于 5mm；当成组张拉长度不大于 10m 的钢丝时，同组钢丝长度的最大偏差不得大于 2mm。

2) 钢丝镦头尺寸不应小于规定值、头型应圆整端正；钢丝镦头的圆弧形周边出现纵向微小裂纹时，其裂纹长度不得延伸至钢丝母材，不得出现斜向裂纹或水平裂纹。

3) 钢丝镦头强度不应低于母材抗拉强度的 98%。

4) 钢绞线挤压锚具成型后，钢绞线外端应露出挤压头 1～5mm。

5) 钢绞线压花锚具的梨形头尺寸和直线锚固段长度不应小

于设计值（参见2.2.5节），其表面不得有污染。

5.1.3 预应力筋穿入孔道

预应力筋穿入孔道，简称穿束。穿束应考虑合理的时机和方法。

5.1.3.1 穿束时机

根据穿束与浇筑混凝土之间的先后关系，可分为先穿束和后穿束两种。

1. 先穿束法

先穿束法即在浇筑混凝土之前穿束。此法穿束省力，但穿束占用工期，预应力束的自重引起的波纹管摆动会增大孔道摩擦损失，束端保护不当易生锈。按穿束与预埋波纹管之间的配合关系，又可分为以下两种情况。

1) 先装管后穿束：将波纹管安装就位，然后将预应力筋穿入。此法在实际施工中应用较广。

2) 先放束后套管：将预应力筋先放入钢筋骨架内，然后将波纹管逐根从两端套入并连接，此法仅在穿束有困难时采用。

2. 后穿束法

后穿束法即在浇筑混凝土后将预应力筋穿入孔道。此法可在混凝土养护期间内进行穿束，不占工期。穿束后即行张拉，预应力筋不易生锈，但穿束较为费力。

5.1.3.2 穿束方法

1. 人工穿束

人工穿束可利用起重设备将预应力筋吊起，操作人员站在脚手架或临时搭设的穿束平台上将预应力筋逐步穿入孔道。束的前端应扎紧并裹胶布，以便顺利穿过孔道。对多波曲线束，宜采用特制的牵引头，前头牵引，后面推送，用对讲机保持前后两端同时用力。对长度≤50m的两跨曲线束，人工穿束较为方便。在多波曲线长束中，用人工穿束如有困难，可事先在适当部位留出"助力段"1～2m，待预应力筋穿过此段后增加人力在此加力穿束,当预应力筋全部穿入孔道后,再将事先拧入助力段旁的大一号的波纹管反向拧出,封闭助力段。

2. 用卷扬机穿束

用卷扬机穿束主要用于超长束、超重束、多波曲线束整束穿的情况。卷扬机的速度宜慢些（≤10m/min）。束的前端应装有穿束网套或特制的牵引头。

穿束网套可用细钢丝绳编织。使用时将钢绞线束穿入网套底部,前端用铁丝扎死顶紧不脱落即可。

3. 用穿束机穿束

用穿束机穿束适用于钢绞线单根穿的情况。穿束机有以下两种类型。一是由油泵驱动链板夹持钢绞线传送（图5-17）,速度可任意调节,穿束可进可退使用方便。二是由电动机经减速箱减速后由两对滚轮夹持钢绞线传送。进退由电动机的正反控制。穿束时钢绞线前头应套上一个子弹头形的壳帽。

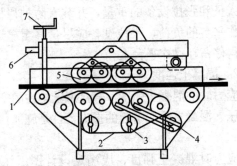

图 5-17 穿束机的构造简图
1—钢绞线；2—链板；3—链板扳手；4—油泵；
5—压紧轮；6—拉臂；7—扳手

5.1.4 预应力筋张拉

5.1.4.1 准备工作

1. 技术准备

张拉方案内容包括：确定张拉方式与张拉顺序,计算每束预应力筋的张拉力、张拉伸长值及控制范围；计算预应力筋张拉时的油压表读数；施工人员的配备和技术交底、预应力筋张拉的质量要求和安全保证措施等。

2. 设备准备

预应力筋张拉前应完成千斤顶与压力表的配套校验，有效期不超过半年。做好油泵、工具锚、限位板等设备、配件工作性能完好情况的检查工作。特别是限位板的限位距离应确定正确，否则会引起锚具内缩偏大或刮伤预应力筋。限位距离应根据所用钢绞线、锚具和设备等因素实测而定。

3. 现场准备

检查和清理张拉端混凝土残渣，检查和清理孔道、灌浆（泌水、出气）孔，并确保畅通，同时检查构件端部有无空鼓裂纹等。

高空预应力筋张拉时，应搭设可靠的操作平台。张拉平台应能承受操作人员和张拉设备的重量，并装有防护栏杆、安全网。为了减轻操作平台的负荷，张拉设备应尽量移至靠近的楼面上，无关人员不得停留在操作平台上。

5.1.4.2 混凝土强度

施加预应力时的混凝土强度，直接影响构件的安全度、锚固区的局部承压、混凝土徐变引起的损失等，是施加预应力成败的关键。

施加预应力时混凝土强度，应满足设计图纸注明的强度要求，如设计无要求时，不应低于设计强度的75%。

如后张法构件为了克服新浇混凝土产生收缩裂缝或搬运等需要，可提前施加一部分预应力，使梁体建立较低的预应力值，以抵消新浇混凝土收缩产生的拉应力或承受自重荷载，但混凝土强度不应低于设计强度的50%。

预应力规范、规程都强调了预应力筋张拉时对混凝土的强度要求，对混凝土的龄期未作明确规定。龄期对混凝土的弹性模量影响较大，实际上混凝土弹性模量的增长滞后于强度增长。混凝土的龄期过短即进行预应力筋张拉,则混凝土徐变损失势必会增大,对结构不利。《建筑工程预应力施工规程》(CECS 180:2005)对现浇结构施加预应力时混凝土最小龄期作出如下规定:对后张楼板不宜小于5天,对后张大梁不宜小于7天。

5.1.4.3 张拉方式

1. 基本张拉方式

预应力筋施加拉力的基本方式是一端张拉和两端张拉。

1) 一端张拉

预应力筋仅在任意一端进行张拉的方式称为一端张拉。适用于一般直线预应力筋和锚固损失影响长度 $L_f \geqslant L/2$(L——预应力筋长度)的曲线预应力筋。如设计人员根据计算资料或实际条件认为可以放宽以上限制时,也可采用一端张拉。

2) 两端张拉

预应力筋在两端进行张拉的方式称为两端张拉。适用于超长直线预应力筋和锚固损失影响长度 $L_f < L/2$ 的曲线预应力筋。条件许可时尽量两端同时张拉,也可先在一端张拉锚固后,再至另一端张拉补足张拉力。

2. 其他张拉方式

对配有多束预应力筋的构件或结构,在特定条件下为满足设计要求时所采用的特殊张拉方式,通常有分批张拉、分段张拉、分阶段张拉、补偿张拉等。

1) 分批张拉

分批张拉是指在后张法结构或构件中,多束预应力筋需要分多批进行张拉的方式。后批预应力筋张拉所产生的混凝土弹性压缩会对先批张拉的预应力筋造成预应力损失,所以先批张拉的预应力筋张拉力应加上该弹性压缩损失值,或将弹性压缩损失平均值统一增加到每束预应力筋的张拉力内。

2) 分段张拉

分段张拉是指在多跨连续梁分段施工时,通长的预应力筋需要逐段进行张拉的方式。对大跨度多跨连续梁板,在第一段混凝土浇筑与预应力筋张拉后，第二段梁中有粘结预应力筋采用多根钢绞线连接器，板中无粘结预应力筋采用单根钢绞线锚头连接器接长，以形成通长的预应力筋。

3）分阶段张拉

分阶段张拉是指在后张结构中，为了平衡各阶段的荷载，采取分阶段逐步施加预应力的方式。所加荷载不仅是外载（如楼层或填土重量），也包括由内部体积变化（如弹性缩短、收缩与徐变）产生的荷载。梁板的跨中处下部与上部纤维应力应控制在容许范围内。这种张拉方式具有应力、挠度与反拱容易控制，材料省等优点，适用于支承高层建筑荷载的转换梁。

分阶段张拉可以先张拉一部分预应力筋，每束拉至控制应力，届时再张拉另一部分预应力筋；也可以先张拉所有预应力筋，但每束张拉应力都小于控制应力，届时再拉至控制应力。

4）补偿张拉

补偿张拉是指在早期的预应力损失基本完成之后再次进行张拉的方式。采用这种补偿张拉，可克服弹性压缩损失、减少钢材应力松弛损失、混凝土收缩和徐变损失等以达到预期的预应力效果。此法在水利工程和土层锚杆中应用较多。

5.1.4.4 张拉顺序

预应力筋的张拉顺序，应使混凝土不产生超应力、构件不扭转与侧弯、结构不变位等；因此，对称张拉是一项重要原则。同时，还应考虑到尽量减少张拉设备的移动次数。

图 5-18 示出预应力混凝土屋架下弦预应力筋的张拉顺序。直线预应力筋采用一端张拉方式。图 5-18（a）预应力筋为 2 束，用两台千斤顶分别设置在构件两端，对称张拉，一次完成。图 5-18（b）预应力筋为 4 束，需要分两批张拉，用两台千斤顶分别张拉对角线上的 2 束，然后张拉另 2 束。由分批张拉引起的预应力损失，统一增加到张拉力内。

平卧叠浇预制构件（如屋架），宜自上而下逐榀张拉。张拉时，叠层间的阻力约束了下弦杆混凝土压缩，起吊后约束解除下

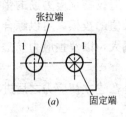 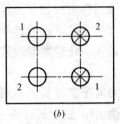

图 5-18 屋架下弦预应力筋张拉顺序
(a) 2 束；(b) 4 束
注：图中 1、2 为预应力筋分批张拉顺序

弦杆继续压缩。由此所引起的预应力损失，可根据隔离层情况逐层加大张拉力补足。

5.1.4.5 张拉操作程序

预应力筋张拉操作程序应符合设计要求。设计无要求时，应考虑构件类型、张拉锚固体系、松弛损失等因素确定。

1. 采用低松弛钢丝或钢绞线时，张拉操作程序为：

$$0 \longrightarrow \sigma_{con} （锚固）$$

2. 采用普通松弛钢丝或钢绞线时，按下列张拉程序：

对镦头锚具等可卸载的支承式锚具：

$$0 \longrightarrow 1.05\sigma_{con} \xrightarrow{持荷 2min} \sigma_{con}（锚固）$$

对夹片式锚具等不可卸载的楔紧式锚具：

$$0 \longrightarrow 1.03\sigma_{con}（锚固）$$

上述各种张拉操作程序，均可分级加载。每级加载均应量测张拉伸长值。

当预应力筋较长即张拉伸长值较大，千斤顶张拉行程不够时，应采取分级张拉，分级回缸锚固，第二级初始拉力应采用第一级最终拉力。

预应力筋张拉到规定拉力后，持荷复验张拉伸长值，合格后锚固。

5.1.4.6 张拉伸长值校核

《混凝土结构工程施工质量验收规范》（GB 50204—2002）

规定：当采用应力控制方法张拉时，应校核预应力筋的张拉伸长值。预应力筋张拉时，通过张拉伸长值的校核，可以综合反映张拉力是否足够，孔道摩擦损失是否偏大，以及预应力筋是否有异常现象等。

预应力筋张拉伸长值的测量，是在建立初应力之后进行。其实际伸长值 ΔL_P 按下式计算：

$$\Delta L_P = \Delta L_1 + \Delta L_2 - c \tag{5-3}$$

式中 ΔL_1——从初拉力至最大张拉力之间的实测伸长值（mm）；

ΔL_2——初拉力以下的推算伸长值（mm）；

c——实际量测时不可避免的非应力所致的附加伸长值。包括：后张法预应力构件的弹性压缩值（其值微小时可略去）、张拉过程中锚具楔紧引起的预应力筋内缩值、张拉设备内预应力筋的张拉伸长值等。

初应力取值：对直线束宜为 $0.1\sigma_{con}$，对曲线筋宜为 $0.2\sigma_{con}$（特殊情况时还可放大），以便将预应力筋绷紧。

初应力以下的推算伸长值 ΔL_2，可根据弹性范围内张拉力与伸长值成正比关系，用计算法或图解法确定。

计算法是算出预应力筋在初应力范围内的理论伸长值，然后统一加到实测伸长值内，方法简单便于用计算机计算。但该方法是以理论值和实测值相加的综合值进行校核，与实际的吻合性稍差，特别是当初应力较大时，理论值所占的比例就越大，误差可能会更大。

采用图解法（图 5-19）时，以伸长值为横坐标，张拉力为纵坐标，将各级张拉力的实测伸长值标在图上，绘成张拉力与伸长值的关系线，然后延长此线与横坐标交于 O_1 点，则 OO_1 段即为推算伸长值。

图解法以实测值为依据，比上述计算法更符合实际，但应用不方便，无法用于计算机。为此，根据图解法的原理，直接按式(5-4) 计算控制应力时的实际伸长值 ΔL_P：

$$\Delta L_P = \frac{\Delta L_1 - c}{k_2 - k_1} \qquad (5\text{-}4)$$

式中 k_1——初应力占控制应力的比例，如初应力为 $0.1\sigma_{con}$ 时 $k_1=0.1$；

k_2——终应力占控制应力的比例，如终应力为 $1.03\sigma_{con}$ 时 $k_2=1.03$。

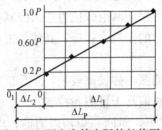

图 5-19 预应力筋实际伸长值图解

此外，在锚固时应检查张拉端预应力筋的内缩值，以免由于锚固引起的预应力损失超过设计值。如实测的预应力筋内缩值大于或小于规定值，则应更换限位板、改善操作工艺或采取超张拉方法予以弥补。

5.1.4.7 技术要点

1) 开始张拉时，宜先选择若干束有代表性的预应力筋进行试张拉，会同现场监理人员一起检查张拉设备的运行情况和锚固部位是否正常，操作过程是否规范，张拉力、内缩值、伸长值等张拉参数是否在允许范围内。根据试张拉的情况，经分析并采取措施及时调整后方可开始正式张拉。

2) 工具锚夹片应保持清洁和良好的润滑状态。新的工具锚夹片在首次使用前应在夹片的背面或锚孔内涂上润滑材料，以后每使用 5~10 次再涂一次，以防退锚困难。润滑材料可用二硫化钼、专用退锚灵等，条件受限时甚至可用耐压塑料薄膜代替。

3) 限位器的限位距离应合适，过大或过小都会影响预应力筋的张拉质量。限位距离应经实测确定，测试方法是将工程实际所用钢绞线、锚具和千斤顶在台座上拉至张拉力，锚固后观察夹片的外露量，其3束平均外露量加上预应力筋的内缩值（如6mm）即为限位距离。

4）无论采用哪种张拉程序，宜在初应力和终应力之间增设1~2次伸长值的量测。如张拉程序采用 $0 \rightarrow 1.0\sigma_{con}$，则实际操作时采用 $0 \rightarrow 0.2\sigma_{con} \rightarrow 0.6\sigma_{con} \rightarrow 1.0\sigma_{con}$ 的张拉程序。其优点是：

(1) 若同时张拉两束预应力筋时均在 $0.6\sigma_{con}$ 暂停，量测伸长值后继续张拉，可保证两束张拉力差值控制在50%以内。

(2) 两次量测时的张拉力相等，其伸长值也应基本相等，易于校核。

(3) 当预应力筋张拉伸长值较长，千斤顶行程不够，则可在 $0.6\sigma_{con}$ 时倒缸，伸长值易于量测和控制。

5）在一般情况下，对同一束预应力筋，应采用相应拉力的千斤顶整束张拉；对扁锚、直线束、弯曲角度不大的单波曲线束或张拉空间受限制等特殊情况，也可采取单根张拉。

6）采用两台千斤顶同时张拉一束预应力筋时，每台千斤顶张拉速度宜尽量同步，以使两端张拉伸长值基本一致。

7）张拉端采用凹入式时，锚具缩入混凝土表面内，应在限位板后用工具式垫板或同类型锚具的锚板引出后再安装千斤顶。

8）在张拉空间小、端部有障碍时，可采用变角器进行变角张拉（图5-20）。变角器是由多块有一定角度的变角块组成，每

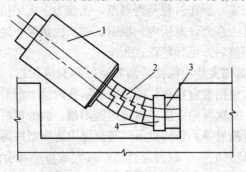

图 5-20 用变角器变角张拉
1—千斤顶；2—变角块；3—工作锚；4—限位板

块变角块的角度约为 5°，累计不超过 25°。变角张拉增大了预应力筋的摩擦损失，在设计或张拉时必须考虑。

5.1.4.8 张拉质量要求

预应力筋张拉方案应明确提出张拉的质量要求，以及保证张拉质量和处理异常情况的应对措施，施工中应严格执行。

1) 施加预应力时混凝土强度应满足设计要求，且现浇结构混凝土最小龄期：对后张楼板不宜小于 5 天，对后张大梁不宜小于 7 天。

2) 在张拉过程中随时检查和校核张拉伸长值。实际伸长值与理论计算值的相对允许误差为±6%。允许误差的合格率应达到 95%，且最大偏差不应超过±10%。

3) 预应力筋张拉锚固后实际建立的预应力值与设计规定检验值的相对偏差不应超过±5%。

4) 预应力筋张拉过程中应避免断裂或滑脱。如发生断裂或滑脱，其数量严禁超过同一截面上预应力筋总数的 3%，且每束钢丝不超过 1 根；对多跨连续双向板和密肋梁，同一截面应按开间计算。

5) 锚固阶段张拉端预应力筋的内缩值，应符合设计要求；当设计无要求时，可参照表 4-2 的规定。

6) 预应力筋锚固后，夹片端面应平齐，夹片缝隙均匀，其错位不宜大于 2mm，且最大不应大于 4mm。

7) 预应力筋张拉后，应检查构件有无开裂现象。如出现有害裂缝，应会同设计单位处理。

5.1.4.9 张拉安全要求

预应力筋张拉时，应特别注意施工安全，因为张拉后的预应力筋持有极大的能量，万一预应力筋断裂或锚具失效，巨大能量瞬时释放，极有可能对人造成伤害。因此，预应力筋张拉时所有作业人员应严格遵守安全条例。

1) 在任何情况下，张拉时作业人员都不得站在预应力筋的两端，也不得随意穿越。

2) 操作张拉设备和量测伸长值的人员，应处在千斤顶的侧面操作，严格遵守操作规程。油泵开动过程中，不得擅自离开岗位。如需离开，必须将油阀门全部松开或切断电路。

3) 所有电器均应符合劳动安全部门的有关要求，临时用电应由专业电工负责接到使用地点，严禁私自拉电。

4) 张拉作业点的上、下垂直处附近，严禁其他人员同时作业，以防坠物伤人，必要时应设置醒目的安全标志，并有专人监视。

5) 张拉作业平台应牢固，底部铺设木板并有围护或安全网，作业人员应佩戴安全带。

5.1.5 孔道灌浆

预应力筋张拉后利用灌浆机械将水泥浆压灌到预应力筋孔道中去，其作用：一是保护预应力筋以免腐蚀；二是使预应力筋与构件混凝土有效地粘结形成有粘结，以控制使用阶段的裂缝间距和宽度并减轻端部锚具的负荷。

孔道灌浆是预应力施工的最后工序，灌浆质量以后很难检查，因此，重视孔道灌浆的质量，应从材料、工艺等在施工过程中进行有效的控制。

预应力筋张拉完成并经验收合格后应及时进行孔道灌浆。

5.1.5.1 灌浆浆体

孔道灌浆的浆体是由一定比例的水泥、外加剂加水经机械搅拌而成。

1. 水泥和外加剂

1) 孔道灌浆用的水泥，宜用不低于 32.5MPa 的普通硅酸盐水泥，其质量应符合国家标准《硅酸盐水泥，普通硅酸盐水泥》GB 175—1999。

2) 在水泥浆中宜掺入适量高性能外加剂，其作用是起到减水而降低水灰比、减少泌水率和收缩率、增加浆体的流动度，并对预应力筋无腐蚀作用。其质量应符合符合国家标准《混凝土外加剂应用技术规范》(GB 50119—2003)。

水泥浆内掺入适量灌浆专用外加剂,能使水泥浆在整个水化硬化的不同阶段产生适度的微膨胀,以补偿水泥体系的干燥收缩和自身体积收缩,并具有适度缓凝和保持良好流动性的能力,对钢筋无腐蚀作用。

2. 浆体制作

浆体制作前应对所用水泥、外加剂和水灰比进行试配以确定最佳的配比。

灌浆用水泥浆的水灰比不应大于 0.42,搅拌后 3h 的泌水率不宜大于 2%,且不得超过 3%,泌水应能在 24h 内全部重新被水泥浆吸收。

当水泥浆的水灰比为 0.4~0.42,流动度为 120~170mm 时,即可满足灌浆工艺要求。当掺加水泥用量 10%~20% 的 JM-HF 高性能灌浆专用外加剂后,水灰比为 0.32~0.38,水泥浆的流动度更好,泌水率小于 1%,28d 自收缩率几乎为零,强度可达 40MPa 以上。

水泥浆优先采用高速制浆机拌制,应确保水泥浆拌合均匀,并随时防止沉淀离析。

3. 水泥浆流动度测试

灌浆用水泥浆应有足够的流动度,水泥浆的流动度可采用流锥法或流淌法测定。

1) 流锥法

流锥法是通过量测一定体积的水泥浆从一个标准尺寸的流锥仪中流出的时间来确定其流动度。水泥浆的流出时间控制在 12~18s,即可满足可灌性要求。其可灌性应根据水泥性能、气温、孔道曲线长度等因素试验确定。

图 5-21 流锥仪
1—流锥仪;2—漏斗口

流锥仪应符合图 5-21 的尺寸和要求，用不锈钢薄板或塑料制成，不得用与水泥起反应的铝材等制作；水泥浆总容积为 $1725\pm50mm^3$，漏斗嘴内径为 12.7mm。

测试前应先用水充分湿润流锥内壁；测试时用手指按住出料口，将水泥浆注入流锥内至规定刻度；打开秒表同时松开手指；当从出料口连续不断流出至水泥浆全部流完即停止秒表，秒表指示的时间即水泥浆流出时间。

用流锥仪测定水泥浆流动度，连续做三次试验，取其平均值。

2）流淌法

流淌法是通过量测一定体积的水泥浆从一个标准尺寸的流淌仪（图 5-22）提起后流淌的直径来确定其流动度。水泥浆的流淌直径控制在 130～180mm，即可满足灌浆要求。

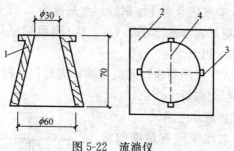

图 5-22　流淌仪

1—流淌仪；2—玻璃板；3—档头；4—量测直径

测试时预先将流淌仪放在玻璃板上，再把拌好的水泥浆装入流淌仪内，抹平后双手迅速将流淌仪竖直提起，在水泥浆自然流淌 30s 后，量垂直二个方向流淌后的直径，取平均值。

用流淌仪测定水泥浆流动度，连续做三次试验，取其平均值。

4. 泌水率试验

水泥浆的泌水率试验可用带刻度的 1000mL 玻璃量筒进行。方法是：将调制好的水泥浆注入至量筒 800mL 处后置于平台上，量测并记录最初高度 H，然后加盖封口。按 1h、2h、3h 的时间间隔分别记录浆面最终高度 h_1 [图 5-23（a）]，按式（5-5）计算水泥浆的泌水率。

$$泌水率 = \frac{(H - h_1) \times 100}{H}(\%) \qquad (5-5)$$

加入膨胀剂的水泥浆，应分别记录浆面最终高度 h_2 和液面高度 h_3，按式（5-6）计算水泥浆的泌水率，按式（5-7）计算水泥浆的膨胀率 [图 5-23（b）]。

$$泌水率 = \frac{(h_3 - h_2) \times 100}{h_2}(\%) \qquad (5-6)$$

$$膨胀率 = \frac{(h_2 - H) \times 100}{H}(\%) \qquad (5-7)$$

留孔材料采用钢管或塑料波纹管，其状况与玻璃量筒相似，泌水率与在玻璃量筒内基本一致。留孔材料采用金属波纹管，由于其压口接缝不可能很紧密，水泥浆中多余的水分还是可以通过波纹管的压口缝渗出被混凝土吸收，其泌水率要比在玻璃量筒内小，但比抽拔管孔道泌水率大。

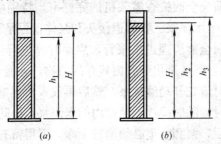

图 5-23 水泥浆泌水率试验
（a）普通水泥浆；（b）膨胀水泥浆
H—最初高度；h_1—最终高度；h_2—膨胀水泥浆的最终高度；
h_3—膨胀水泥浆的液面高度

5.1.5.2 灌浆设备

灌浆的主要设备有灌浆泵和制浆机，辅助设备有贮浆桶、过滤网、进（出）浆管、灌浆嘴和阀门等。

目前常用的电动灌浆设备有：柱塞式、挤压式和螺旋式。柱塞式又分为带隔膜和不带隔膜两种形式。螺旋泵压力稳定，带隔膜的柱塞泵的活塞不易磨损，比较耐用。灌浆泵的技术性能见表5-10。

电动灌浆泵技术性能 表5-10

项目	单位	UB3型	C-263型	C-251型	UBJ1.8型	UBJ3型	UBL3型
输送量	m³/h	3	3	1	1.8	3	3
垂直输送距离	m	40	30	20	30	30	90
水平输送距离	m	150	150	100	100	120	400
最大工作压力	MPa	1.5	1.5	1.0	1.5	2.0	2.5
电动机功率	kW	4.0	2.2	1.3	2.2/2.8	2.4/4	3.0
灌浆管内径	mm	51	50	38	38	50	50
外形尺寸	mm	1033×474×940	1240×445×760	1240×445×760	1270×896×990	1570×814×832	1413×240×408
整机重量	kg	250	180	180	300	400	200
形式		隔膜式活塞泵	无隔膜式活塞泵		挤压泵		螺旋泵

灌浆设备必须能满足连续工作的要求，根据灌浆高度、孔道长度、形态等选用灌浆泵，并配备计量检验合格的压力表。

灌浆泵使用注意事项：

1）使用前应全面检查灌浆机的完好率，特别应检查球阀和机内是否留有干水泥浆、各管道接头和泵体盘根是否漏水等。

2）使用前全面清理进出浆管，启动时先进行清水试车，再带浆回流过滤，筛清进出浆管内残存的杂物，方能开始灌浆。

3）使用时应先开动灌浆泵，然后再放入水泥浆。

4）使用时应随时搅拌贮浆桶内的水泥浆，以防沉淀。

5）用完后，泵和管道必须清理干净，不得留有余浆。

5.1.5.3 灌浆工艺

1. 准备工作

1）预应力筋张拉、灌浆水泥、外加剂已经验收合格，并取得水泥浆的试配报告。对孔道灌浆用水泥和外加剂用量较少的一般工程，当有可靠依据时，可不做材料性能的进场复验。

2）水、电供应能保证灌浆工作的连续进行。

3）灌浆前应全面检查构件孔道及灌浆孔、泌水孔、排气孔是否畅通，对预埋管成孔的孔道，必要时可采用压缩空气清孔。

4）灌浆前应对锚具夹片空隙和其他可能产生的漏浆处采用高强度水泥浆或结构胶等方法进行封堵。封堵材料的抗压强度大于 10MPa 时方可灌浆。

2. 灌浆工艺

1）灌浆顺序宜先灌下层孔道，后灌上层孔道，灌浆压力不应小于 $0.5N/mm^2$。

2）灌浆工作应缓慢均匀地进行，不得中断，并应排气通顺；在孔道两端冒出浓浆封闭排气孔后，应继续加压至 $0.5\sim0.7N/mm^2$，稳压 1~2min 再封闭灌浆孔。

3）当灌浆受阻需更换灌浆孔时，应将已灌入孔内的水泥浆排出，以免两次灌浆之间有空气存在而形成空隙。

4）灌浆孔内的水泥浆凝固后，应将泌水管切至构件表面，如管内有空隙，应仔细补浆。

5）当孔道直径较大，采用不掺微膨胀减水剂的水泥浆灌浆时，可采取下列措施：

（1）二次压浆法：对水平孔道可采用二次压浆法，其间隙时间可为 30~45min；

（2）重力补浆法：在曲线孔道的最高点处 400mm 以上，连续不断地补浆，直至浆体不下沉为止。

6）采用连接器连接的多跨连续预应力筋的孔道灌浆，应在前段预应力筋张拉后随即进行，不得在各段预应力筋全部张拉完毕后一次连续灌浆。

7）竖向孔道灌浆应自下而上进行，并应设置阀门，阻止水泥浆回流。为确保其灌浆密实性，除掺微膨胀减水剂外，应重力补浆。

8）对超长、超高的预应力筋孔道，宜采用多台灌浆泵接力灌浆。接力处应防止孔道出现空隙。

9）当室外温度低于 +5℃时，孔道灌浆应采取抗冻保温措施，防止浆体冻胀使混凝土沿孔道产生较长的裂缝。当室外温度高于35℃时，宜在夜间进行灌浆，水泥浆灌入前的温度不应超过35℃。

10) 孔道灌浆应填写施工记录，标明灌浆日期、水泥品种、强度等级、配合比、灌浆压力和灌浆情况。

5.1.5.4 真空辅助灌浆

真空辅助灌浆是在预应力筋孔道的一端采用真空泵抽吸孔道中的空气，使孔道内形成负压为 0.1MPa 的真空度，然后在孔道的另一端采用灌浆泵进行灌浆。

1. 真空辅助灌浆的优点

1) 在真空状态下，孔道内的空气、水分以及混在水泥浆中的气泡大部分被排除，增加了孔道的密实度。

2) 孔道在真空状态下，减小了由于孔道高低弯曲而使浆体自身形成的压头差，便于浆体充盈整个孔道，尤其是异形关键部位。

3) 真空辅助灌浆的过程是一个连续而迅速的过程，缩短了灌浆时间。

真空辅助灌浆是从国外引进的一项新技术，已在我国逐步推广应用。尤其对超长孔道、大曲率孔道、扁管孔道、腐蚀环境的孔道等灌浆有利。

真空辅助灌浆的孔道，应具有良好的密封性，宜采用塑料波纹管；灌浆用水泥浆，应优化配置，才能充分发挥真空辅助灌浆的作用。

2. 对水泥浆的要求

真空辅助灌浆采用的水泥浆应符合以下要求：采用强度等级不低于 32.5MPa 的普通硅酸盐水泥；掺加适量的缓凝高效外加剂，必要时再掺硅粉或粉煤灰、微膨胀剂等；水灰比采用 $0.3\sim0.35$；水泥浆 3h 泌水率应控制在 2%；流动度宜为 $12\sim15s$，且不大于 18s。

3. 施工设备

除了传统的灌浆设备外，还需配备真空泵、空气滤清器及配件等。真空泵可采用 SZ-2 型，抽气速率为 $2m^3/min$，极限真空为 4000Pa，功率为 4kW，重量为 80kg。空气滤清器可采用 QSL-20 型。图 5-24 为真空辅助灌浆设备布置情况。

4. 施工工艺

灌浆顺序应根据结构的特点，一般应从孔道的下层孔道开始，对于曲线孔道和竖向孔道应从最低点灌浆孔灌入，并且由最高点的排气孔排出水和泌水。

1）在预应力孔道灌浆之前，应切除外露的钢绞线，进行封锚。

封锚方法有两种：用保护罩封锚或用无收缩水泥砂浆封锚。前者应严格做到密封要求，排气口朝正上方，在灌浆后3h拆除，周转使用；后者覆盖层厚度应大于15mm，封锚后24～36h方可灌浆。

2）将灌浆阀、排气阀全部关闭，启动真空泵抽气，使真空度达到0.06～0.1MPa并保持稳定。

3）启动灌浆泵，当灌浆泵输出的浆体达到要求稠度时，将泵上的输送管接到锚垫板上的引出管上，开始灌浆。

4）灌浆过程中，真空泵保持连续工作。

5）待真空端的空气滤清器有浆体经过时，关闭空气滤清器前端的阀门8（图5-24），稍后打开排气阀7。当水泥浆从排气阀顺畅流出，且稠度与灌入的浆体相当时，关闭阀门6。

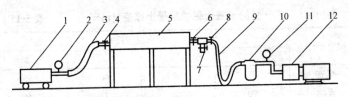

图5-24 真空辅助灌浆设备布置
1—灌浆泵；2—压力表；3—高压橡皮管；4、6、7、8—阀门；5—预应力构件；
9—透明管；10—空气滤清器；11—真空表；12—真空泵

6）灌浆泵继续工作，压力达到0.6MPa左右，持压1～2min，关闭灌浆泵及灌浆端阀门4，完成灌浆。

5.1.5.5 灌浆质量要求

1）灌浆用水泥浆的配合比应通过试验确定，施工中不得随意更改。每次灌浆作业至少测试2次水泥浆的流动度，并应在规定的范围内。

2）灌浆试块采用 7.07cm³ 的试模制作,其标养 28d 的抗压强度不应低于 30MPa。移动构件或拆除底模时,水泥浆试块强度不应低于 15MPa。

3）孔道灌浆后,应检查孔道上凸部位灌浆密实性;如有空隙,应采取人工补浆措施。

4）对孔道阻塞或孔道灌浆密实情况有怀疑时,可局部凿开或钻孔检查;但以不损坏结构为前提,否则应采取相应措施处理。

5）灌浆后的孔道泌水孔、灌浆孔、排气孔等均应切平,并用砂浆填实补平。

6）锚具封裹后与周边混凝土之间不得有裂纹。

5.1.6 无粘结预应力施工

1. 无粘结预应力构造要求

1）为满足不同耐火等级的要求,无粘结预应力筋的混凝土保护层最小厚度应符合表 5-11 和表 5-12 的规定。

板的混凝土保护层最小厚度（mm） 表 5-11

约束条件	耐火极限(h)			
	1	1.5	2	3
简支	25	30	40	55
连续	20	20	25	30

梁的混凝土保护层最小厚度（mm） 表 5-12

约束条件	梁 宽	耐火极限(h)			
		1	1.5	2	3
简支	200≤b<300	45	50	65	采取特殊措施
	≥300	40	45	50	65
连续	200≤b<300	40	40	45	50
	≥300	40	40	40	45

注:当防火等级较高、混凝土保护层厚度不能满足表列要求时,应使用防火涂料。

2) 板中无粘结预应力筋的间距宜采用 200～500mm，最大间距可取板厚的 6 倍，且不宜大于 1m。抵抗温度应力用无粘结预应力筋的间距不受此限制。单根无粘结预应力筋的曲率半径不宜小于 2.0m。

板中无粘结预应力筋采取带状（2～4 根）布置时，其最大间距可取板厚的 12 倍，且不宜大于 2.4m。

3) 当板上开洞时，板内被孔洞阻断的无粘结预应力筋可分两侧绕过洞口铺设。无粘结预应力筋至洞口的距离不宜小于 150mm，水平偏移的曲率半径不宜小于 6.5m，洞口四周应配置构造钢筋加强。

4) 在现浇板柱节点处，每一方向穿过柱的无粘结预应力筋不应少于 2 根。

5) 梁中集束布置无粘结预应力筋时，宜在张拉端分散为单根布置，间距不宜小于 60mm，合力线的位置应不变。当一块整体式锚垫板上有多排预应力筋时，宜采用钢筋网片。

6) 无粘结预应力筋的张拉端宜采用凹入式做法（图 5-25）。锚具下的构造可采用不同体系，但必须满足局部受压承载力和耐久性要求。

对处于房屋周边的张拉端，在夹片及无粘结预应力筋端头应涂专用防腐油脂或环氧树脂，并罩盖帽；然后再用微膨胀细石混凝土封闭。

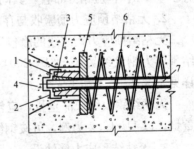

图 5-25 凹入式张拉端构造
1—防腐油脂；2—塑料盖帽；
3—夹片锚具；4—微膨胀混凝土；
5—锚垫板；6—螺旋筋；7—无粘结筋

对处于二类、三类环境条件下的无粘结预应力锚固系统，在无粘结筋与锚具部件的连接及其他部件间的连接，应采用密封装置或采取密封措施，使无粘结预应力筋锚固系统处于全封闭保护状态。

7）无粘结预应力筋的固定端宜采取内埋式做法（图5-26），设置在构件端部的墙内、梁柱节点内或梁、板跨内。锚垫板不得重叠，锚具与锚垫板应贴紧。

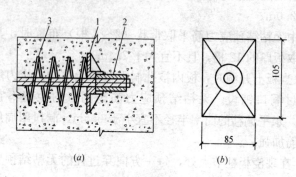

图5-26 内埋式固定端构造
(a) 固定端构造；(b) 铸铁锚垫板平面
1—铸铁锚垫板；2—挤压锚具；3—螺旋筋

固定端设置在梁、板跨内时，无粘结预应力筋跨过支座处不宜小于1m，且应错开布置，其间距不宜小于300mm。

2. 无粘结预应力筋验收与存放

无粘结预应力钢绞线的涂包质量应符合现行行业标准《无粘结预应力钢绞线》JG 161—2004的要求。其验收、装运与存放详见1.3.2、1.4和1.5节。

无粘结钢绞线成品重量，应包括钢绞线重量、油脂和塑料的重量，以$U\phi^s 15.2$为例，可按钢绞线重量的1.1倍计算。

3. 无粘结预应力筋铺设

1）无粘结预应力筋铺设前，对护套轻微破损处应采用防水聚乙烯胶带进行修补。每圈胶带搭接宽度不应小于胶带宽度的1/2，缠绕层数不应少于2层，缠绕长度应超过破损长度30mm。严重破损的无粘结预应力筋应予报废。

2）平板中无粘结预应力筋的曲线坐标宜采用马凳控制，马凳采用直径不小于$\phi 8$钢筋制成，其高度应按设计要求的无粘结筋曲率确定，间距为1.5~2m，利用铁丝与无粘结筋扎牢。

3）板中无粘结预应力筋带状布置时，应采取可靠的固定措施，保证同束中各根无粘结预应力筋具有相同的矢高。

4）在双向平板中，宜先铺设竖向坐标较低方向的无粘结预应力筋，后铺方向的无粘结预应力筋遇到部分竖向坐标低于先铺无粘结预应力筋时应从其下方穿过。

双向无粘结预应力筋的底层筋，在跨中处宜与底面双向钢筋的上层筋平行铺设。

5）无粘结预应力筋张拉端的锚垫板可固定在端部模板上，或利用短钢筋与四周钢筋焊牢。锚垫板应垂直于预应力筋。

当张拉端采用凹入式做法时，可采用塑料穴模或其他穴模。

6）无粘结预应力筋固定端的锚垫板应事先组装好，按设计要求的位置可靠固定。

7）梁中无粘结预应力筋集束布置时，应采用钢筋支托控制其位置，支托间距宜为1.0~1.5m。同一束的各根筋宜保持平行走向，防止相互扭绞。

4. 无粘结预应力筋张拉

1）无粘结预应力筋常采用前卡式千斤顶单根张拉，并用单孔锚具锚固。无粘结预应力筋端部成束布置，采用大吨位千斤顶整束张拉时，一定要采取可靠的措施，使在张拉端端部每根无粘结筋能保持有适量的可调余地，方可用群锚锚固。

2）多跨超长束无粘结预应力板，可在施工段或后浇带处用单孔连接器连接，也可先铺设统长的无粘结筋，然后浇筑第一段混凝土，待该段混凝土达到强度后，用开口双缸千斤顶（见3.1.4节）在无粘结筋的中部进行张拉锚固，然后再进行第二段施工，以节省锚具。

5.1.7 缓粘结预应力施工

缓粘结预应力筋由预应力钢材、缓粘结材料和塑料护套组成。预应力筋采用钢绞线,特别是应优先选用多股大直径钢绞线;缓粘结材料是由树脂粘结剂和其他材料混合而成,具有延迟凝固性能;塑料护套应带有纵横向外肋,以增强预应力筋与混凝土的粘结力(图5-27)。

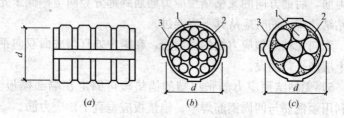

图 5-27 缓粘结预应力钢绞线
(a) 外形;(b) 19股钢绞线;(c) 7股钢绞线
1—钢绞线;2—缓粘结剂;3—塑料护套

缓粘结预应力筋护套厚度一般应比无粘结筋厚0.2mm,钢绞线直径增大时也应适当增厚。粘结材料一般在160~170g/m。

缓粘结预应力筋的生产过程与无粘结预应力筋基本相似,仅需增加在塑料护套外表压制外肋的设备,最大的不同在于粘结材料。

1. 缓粘结材料

天津港湾工程研究所和天津钢线钢缆集团等单位研制的缓粘结材料,并与江阴华新钢缆有限公司合作,生产出缓凝时间分别可达3、6、12个月的缓粘结预应力筋,其粘结材料的最终强度大于混凝土,最高强度可达80MPa。

缓粘结所用粘结材料主要由树脂胶粘剂、固化剂和粉质填充材料以及改善其特性(如缓凝、增强等)的材料组成。缓凝的原理是:固化剂被添加的一种特殊物质包裹形成一层封闭的"保护层",阻止了环氧树脂和固化剂的接触而保持流动状态,然后,"保护层"慢慢地被环氧树脂内的少量水气逐步破坏而丧失隔离作用,使环氧树脂分子在固化剂的作用下开始固化,直至最后形成一种坚硬的物质。

2. 基本特性

据东南大学对缓粘结预应力混凝土简支梁、连续梁、框架梁、板等结构或构件进行的结构性能试验研究结果，表明其承载能力和裂缝开展形式等基本性能优于无粘结预应力混凝土构件，基本接近有粘结预应力混凝土构件；同时表明缓粘结预应力筋所特有的摩阻特性。

1）缓粘结筋的粘结材料黏度比无粘结筋油脂大，且随时间有缓慢增大的趋势。因而缓粘结的 κ、μ 值要比无粘结预应力筋（表 4-1）大，试验建议值 $\kappa=0.005\sim0.007$，$\mu=0.2\sim0.3$。如条件许可尽可能现场进行实测才有真实性。

2）摩阻力随时间的变化

缓粘结材料的黏度会随时间不断变大，使其摩擦系数 μ 值不断增大。缓凝龄期为 6 个月的试验表明，75d 内张拉时摩阻较小且十分稳定，75d 后摩阻急剧增加形成突变，见图 5-28。

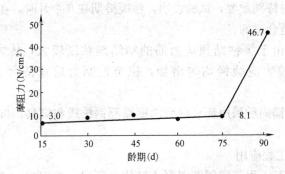

图 5-28 缓粘结筋摩阻力随时间的变化

3）摩阻力随温度、湿度的变化

缓粘结预应力筋所处环境温度越高，突变时间越早，温度越低，突变时间越迟。但是在突变前，温度对摩阻几乎没有影响。突变后温度越高，摩阻增加的速率越大，直至完全固化。同样，摩阻力与湿度成正比关系。

4）多次张拉对摩阻的影响

缓粘结预应力筋在突变之前反复张拉同一根缓粘结筋可以使摩阻减小，且不会影响最后的固化；但接近突变点再反复张拉对摩阻没有显著影响。

3. 施工工艺

缓粘结预应力筋一般采用单根锚固，其施工工艺与无粘结筋基本相同，现根据缓粘结预应力特性对施工的影响提出以下要求：

1）缓粘结预应力筋两端及中间破损处应该进行严密的封裹，防止粘结材料淌出与空气中的水气进入缓粘结筋而加速固化。

2）为减少温度的影响，缓粘结预应力筋现场储存时应避免太阳直射，尽量放置在仓库内；下料后及时铺设、及时浇筑混凝土等。

3）缓粘结预应力筋必须在摩阻力发生突变前张拉，其摩阻力的变化与缓凝龄期、养护期温度等都有关系。因此，把握张拉时间显得特别重要，试验表明，缓凝龄期在 6 个月时，在 50d 以内张拉是合适的。

4）由于缓粘结预应力筋的粘结剂粘度较大，传力较慢，因此张拉力应缓慢均匀增加，拉至控制力后宜持荷 2min 再锚固。

5）锚固后采用环氧树脂涂刷端部钢绞线和锚具，再用混凝土封裹。

4. 工程应用

1）某工程三层钢筋混凝土结构主厂房，长 180m，宽 72m。1、2 层柱网为 6m×12m，3 层为 12m×12m，板厚 180mm，采用无粘结预应力筋。其中第 2 层最后 60m 区域内楼面活荷载达 10kN/m²，且有较高的抗腐蚀要求，经多方反复协商研究，决定将这一区域内的预应力筋全部改用 $\phi^s 15.2$ 缓粘结预应力筋。张拉时实测 $\kappa=0.005$，$\mu=0.12$，楼面反拱值与无粘结筋一致，说明两者都建立相同有效预应力值。经多年使用后观察，缓粘结预应力筋楼面的平整度优于无粘结筋楼面，说明缓粘结筋在使用阶段能起到有粘结筋的作用。

2）山西阳高污水处理厂1号、2号沉淀池，外径25.9m，池高4.8m，池壁厚250mm，采用$\phi^s15.2$、$f_{ptk}=1860N/mm^2$的缓粘结预应力钢绞线。每池沿高度150～200mm设置一道4根缓粘结预应力筋，锚固在四周间隔90°的8个锚固肋上，采用两端同步张拉，实测摩阻系数$\mu=0.12$。

5.1.8 端部切割与封固

1）预应力筋张拉经检查合格后，锚固处外露部分预应力筋方可割除，宜采用手提砂轮锯切割。当张拉端为凸出式时，预应力筋的外露长度不宜小于其直径的1.5倍，且不宜小于30mm。

2）锚具封闭保护应符合设计要求。当设计无要求时，凸出式锚固端锚具的保护层不应小于50mm，凹入式锚固端锚具用细石混凝土封裹或填平。外露预应力筋的混凝土保护层厚度不得小于20mm，处于腐蚀环境时应加大至50mm。

3）锚具封裹前应将周围混凝土冲洗干净、凿毛，封裹后与周边混凝土之间不得有裂纹；对凸出式锚固端锚具应配置拉筋和钢筋网片，且应满足防火要求。

4）锚具封裹保护宜采用与构件同强度等级的细石混凝土，也可采用微膨胀混凝土或低收缩砂浆等。

5）无粘结预应力筋张拉端封裹应满足5.1.6节第1点6）项构造要求。无粘结预应力筋连接器内应注满防腐油脂。

5.2 先张法预应力施工

先张法是在台座或模板上先张拉预应力筋并用夹具临时锚固，浇筑混凝土后待达到一定强度后，放张并切断构件外预应力筋。先张法可以实行工厂化生产，产品质量得以保证，生产成本较低。根据不同的构件，先张法有长线法和机组流水法生产方式,其传统产品有:大型屋面板、空心板、吊车梁等。近年来,先张法技术在应用范围、预应力钢材、张拉机具各方面都有了开发性研究和改进,大跨度预制预应力空心板(SP 板)、预制预应力混凝土薄板及双 T 板等已逐步得到应用。

5.2.1 预应力构造要求

1) 先张法预应力筋的混凝土保护层最小厚度应符合表 5-13 的规定。

先张法预应力筋的混凝土保护层最小厚度 (mm)　　表 5-13

环境类别	构件类型	混凝土强度等级	
		C30~C45	≥C50
一类	板	15	15
	梁	25	25
二类	板	25	20
	梁	35	30
三类	板	30	25
	梁	40	35

注:混凝土结构的环境类别,应符合国家标准《混凝土结构设计规范》GB 50010—2002 的规定。

2) 当先张法预应力钢丝难以按单根式配筋时,可采用相同直径钢丝并筋方式配筋。并筋的等效直径,对双并筋应取单根直径的 1.4 倍,对三并筋应取单根直径的 1.7 倍。并筋的保护层厚度、锚固长度和预应力传递长度等均应按等效直径考虑。

3) 先张法预应力筋的净间距不应小于其公称直径或等效直径的 1.5 倍,且应符合下列规定:对单根钢丝,不应小于 15mm;对 1×3 钢绞线,不应小于 20mm;对 1×7 钢绞线,不应小于 25mm。

4) 对先张法预应力构件,预应力筋端部周围的混凝土应采取下列加强措施:

(1) 对单根配置的预应力筋,其端部宜设置长度不小于150mm、且不少于 4 圈的螺旋筋;当有可靠经验时,也可利用支座垫板上的插筋代替螺旋筋,但插筋数量不应少于 4 根,其长度不宜小于 120mm。

(2) 对分散布置的多根预应力筋,在构件端部 $10d$ (d 为预应力筋的直径) 范围内应设置 3~5 片与预应力筋垂直的钢筋网。

(3) 对采用预应力钢丝配筋的薄板,在板端 100mm 范围内应适当加密横向钢筋。

5) 当采用先张长线法生产有端横肋的预应力混凝土肋形板时,应在设计和制作上采取防止放张预应力筋时横肋产生裂缝的有效措施。

5.2.2 先张法台座

台座是先张法生产的主要设备之一,它承受预应力筋的全部张拉力。因此,台座应有足够的强度、刚度和稳定性。

台座按构造形式分为墩式和槽式两类。选用时根据构件种类、张拉吨位和施工条件确定。

1. 墩式台座

墩式台座是由台墩、台面和横梁组成,见图 5-29。目前,常用的是台墩与台面共同受力的墩式台座。

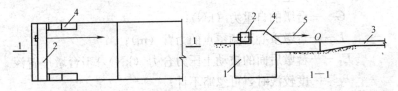

图 5-29 墩式台座
1—钢筋混凝土墩式台座;2—横梁;3—混凝土台面;4—牛腿;5—预应力筋

台座的长度 (L),一般为 100~150m,可按下式计算:

$$L = l \times n + (n-1) \times 0.5 + 2K \quad (5-8)$$

式中　l——构件长度 (m);

n——一条生产线内生产的构件数;

0.5——两根构件相邻端头间的距离(m);

K——台座横梁到第一根构件端头的距离,一般为 1.25～1.5m。

台座的宽度主要取决于构件的布筋宽度、张拉与浇筑混凝土是否方便,一般不大于 2m。

在台座的端部应留出张拉操作场地和通道,两侧要有构件运输和堆放的场地。

1) 台墩

承力台墩,一般由钢筋混凝土做成。台墩应有合适的外伸部分,以增大力臂而减小台墩自重。台墩应有足够的强度、刚度和稳定性。稳定性验算一般包括抗倾覆验算和抗滑移验算。

台墩的抗倾覆验算,可按下式进行(图 5-30):

$$K=\frac{M_1}{M}=\frac{GL+E_p e_2}{Ne_1}\geqslant 1.50 \tag{5-9}$$

式中 K——抗倾覆安全系数,一般取 1.5;

M——倾覆力矩(kN·m),由预应力筋的张拉力产生;

N——预应力筋的张拉力(kN);

e_1——张拉力合力作用点至倾覆点的力臂(m);

M_1——抗倾覆力矩(kN·m),由台座自重力和土压力等产生;

G——台墩的自重力(kN);

L——台墩重心至倾覆点的力臂(m);

E_p——台墩后面的被动土压力合力(kN),当台墩埋置深度较浅时,可忽略不计;

e_2——被动土压力合力至倾覆点的力臂(m)。

台墩倾覆点的位置,对与台面共同工作的台墩,按理论计算倾覆点应在混凝土台面的表面处;但考虑到台墩的倾覆趋势使得台面端部顶点出现局部应力集中和混凝土抹面层的施工质量,因此倾覆点的位置宜取在混凝土台面下 4～5cm 处。

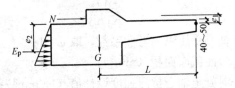

图 5-30 墩式台座的稳定性验算简图

台墩的抗滑移验算，可按下式进行：

$$K_C = \frac{N_1}{N} \geqslant 1.30 \qquad (5-10)$$

式中 K_C——抗滑移安全系数，一般不小于 1.30；

N_1——抗滑移的力，对独立的台墩，由侧壁土压力和底部摩阻力等产生。对与台面共同工作的台墩，以往在抗滑移验算中考虑台面的水平力、侧壁土压力和底部摩阻力共同工作。通过分析认为混凝土的弹性模量（C20 混凝土 $E_c = 2.6 \times 10^4 \text{N/mm}^2$）和土的压缩模量（低压缩土 $E_s = 20 \text{N/mm}^2$）相差极大，两者不可能共同工作；而底部摩阻力也较小（约占 5%），可略去不计；实际上台墩的水平推力几乎全部传给台面，不存在滑移问题。因此，台墩与台面共同工作时，可不作抗滑移验算，而应验算台面的承载力。

为了增加台墩的稳定性，减小台墩的自重，可采用锚杆式台墩。

台墩的牛腿和延伸部分，分别按钢筋混凝土结构的牛腿和偏心受压构件计算。

台墩横梁的挠度不应大于 2mm，并不得产生翘曲。预应力筋的定位板必须安装准确，其挠度不大于 1mm。

2) 台面

台面一般在夯实的碎石垫层上浇筑一层厚度为 60~100mm 的混凝土而成。其水平承载力 P，可按下式计算：

$$P = \frac{\varphi A f_c}{K_1 K_2} \tag{5-11}$$

式中 φ ——轴心受压纵向弯曲系数，取 $\varphi=1$；

A ——台面截面面积（mm^2）；

f_c ——混凝土轴心抗压强度设计值（N/mm^2）；

K_1 ——超载系数；

K_2 ——考虑台面截面不均匀和其他影响因素的附加安全，系数 $K_2=1.5$。

台面伸缩缝可根据当地温差和经验设置，一般约为 10m 设置一条，也可采用预应力混凝土滑动台面，不留伸缩缝。

3）计算实例

设计一座张拉力为 1000kN 的墩式台座（两条生产线，每条张拉力为 500kN）。台座尺寸和构造如图 5-31。台墩用 C20 混凝土、HPB 级钢筋；台面用 C15 混凝土，厚度 80mm（靠近台墩 10m 范围内，台面加厚至 100mm），每隔 20m 左右设一条伸缩缝。土质为砂质黏土，土的内摩擦角 $\varphi=30°$。

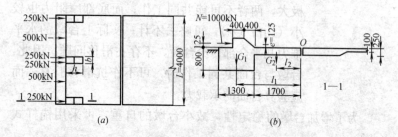

图 5-31　两条生产线的墩式台座
(*a*) 平面；(*b*) 剖面

(1) 台墩的抗倾覆验算（*O* 点位于台面以下 40mm 处）

忽略台墩后面的土压力和牛腿自重，则：

抗倾覆力矩

$$M_1 = G_1 l_1 + G_2 l_2 = 0.8 \times 1.30 \times 4.0 \times 25 \times \left(\frac{1.30}{2} + 1.70\right) +$$

$$0.25 \times 1.70 \times 4.0 \times 25 \times \frac{1.7}{2} = 280.5 \text{kN} \cdot \text{m}$$

倾覆力矩

$$M = N \cdot e = 1000 \times (0.125 + 0.04) = 165.0 \text{kN} \cdot \text{m}$$

∴ 抗倾覆安全系数　$K = \frac{M_1}{M} = \frac{280.5}{165} = 1.7 > 1.5$（安全）

（2）台面的承载力验算

$$P = \frac{\varphi A f_c}{K_1 K_2} = \frac{1 \times 100 \times 4000 \times 7.5}{1.25 \times 1.5} = 1600 > 1000 \text{（kN）}$$

（3）台墩、台面及牛腿配筋见图 5-32（计算略）。

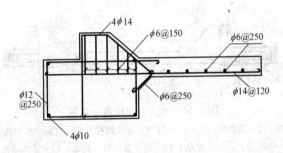

图 5-32　台墩、台面及牛腿配筋图

4）插板式台座

插板式台座见图 5-33，仅有定位板与地梁的墩式台座。定位板下端插入地梁内或用预埋螺栓固定于地梁上，定位板上边缘与台面平或略低于台面。这种台座的张拉力小（100～150kN/m），投资省，仅用于生产单排配筋的板类构件。

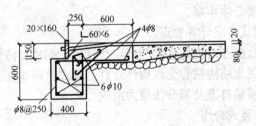

图 5-33　插板式台座

5) 承插式台座

用活动的钢柱作牛腿的墩式台座。钢牛腿插入地梁预留的孔洞中，可生产比较高大的预应力混凝土构件；去掉钢牛腿，即成为插板式台座。

2. 槽式台座

槽式台座由端柱、传力柱、柱垫、横梁和台面等组成，既可承受张拉力，又可作为蒸汽养护槽，适用于张拉吨位较大的大型构件。

1) 槽式台座构造（图5-34）

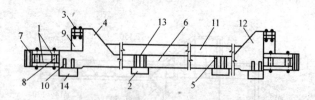

图5-34 槽式台座构造示意图
1—下横梁；2—基础板；3—上横梁；4—张拉端柱；5—卡箍；6—中间传力柱；
7—钢横梁；8、9—垫块；10—连接板；11—砖墙；12—锚固端柱；
13—砂浆嵌缝；14—支座底板

(1) 台座的长度一般不大于76m，宽度随构件外形及制作方式而定，一般不小于1m。

(2) 槽式台座一般与地面相平，以便运送混凝土和蒸汽养护，但需考虑地下水位和排水问题。

(3) 端柱、传力柱的端面必须平整，对接接头必须紧密；柱与柱垫连接必须牢靠。

2) 槽式台座计算要点

槽式台座亦需进行强度和稳定性计算，端柱和传力柱的强度按钢筋混凝土结构偏心受压构件计算。槽式台座端柱抗倾覆力矩由端柱、横梁自重及部分张拉力组成。

3) 拼装式台座

拼装式台座是由压柱与横梁组装而成，适用于施工现场临时生产预制构件用。

(1) 拼装式钢台座是由格构式钢压柱、箱形钢横梁、横向连系工字钢、张拉端横梁导轨、放张系统所组成。这种台座型钢的线胀系数与受力钢绞线的线胀系数一致，热养护时无预应力损失。配以远红外线电热养护，每3天预应力构件生产便可周转一次。

拼装式钢台座的优点：装拆快、效率高、产品质量好、支模振捣方便，适用于施工现场预制工作量较大的情况。

(2) 拼装式混凝土台座，根据施工条件和施工进度，因地制宜利用废旧构件或工程用构件组成。待预应力构件生产任务完成后组成台座的构件仍可用于工程上。

3. 预应力混凝土台面

普通混凝土台面由于受温差的影响，经常会发生开裂，导致台面使用寿命缩短和构件质量下降。为了解决这一问题，预制构件厂长线台面宜采用预应力混凝土滑动台面。

预应力混凝土滑动台面（图5-35），是在已浇筑的混凝土基面上涂刷隔离层，铺设并张拉预应力钢丝，浇筑混凝土面层。待面层混凝土达到放张强度后切断钢丝，台面就发生滑动。这种台面，由于面层有预应力，与基层之间能产生微量移动，消除了因

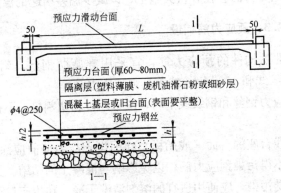

图 5-35 预应力混凝土滑动台面

温差产生的拉应力,长期使用不易出现裂缝。

台面由于温差引起的温度应力 σ_0,可按下式计算:

$$\sigma_0 = 0.5\mu\gamma\left(1+\frac{h_1}{h}\right)L \tag{5-12}$$

式中 L——台面长度(m);

γ——混凝土重力密度(kg/m³);

h——预应力台面厚度(mm);

h_1——台面上堆积物的折算厚度(mm);

μ——台面与基层混凝土的摩擦系数,对皂脚废机油或废机油滑石粉隔离剂为0.65。

为了使预应力台面不出现裂缝,台面的预压应力 σ_{pc} 不得低于:

$$\sigma_{pc} > \sigma_0 - 0.5 f_{tk} \tag{5-13}$$

式中 f_{tk}——混凝土抗拉强度标准值(N/mm²)。

预应力台面用的钢丝,可选用各类高强钢丝,居中配置。$\sigma_{con}=0.70 f_{ptk}$,混凝土强度等级不宜小于C30。

预应力台面的基层要平整,隔离层要可靠,以减少台面的咬合力、粘结力与摩擦力。浇筑混凝土后要加强养护,以免出现收缩裂缝。

预应力台面宜在春秋天施工,以减少温差引起的温度应力。

5.2.3 预应力筋铺设

先张法构件的预应力筋,宜采用螺旋肋钢丝、刻痕钢丝、1×3钢绞线和1×7钢绞线等高强预应力筋。

预应力钢丝和钢绞线下料,应采用砂轮切割机,不得采用电弧切割。

长线台座的台面(或胎模)在铺设预应力筋前应涂隔离剂。隔离剂不得污染预应力筋,以免影响与混凝土的粘结。如果预应力筋遭受污染,应使用适宜的溶剂清洗干净。在生产过程中,应防止雨水冲刷台面上的隔离剂。

预应力钢丝宜用牵引车铺设。如果钢丝需要接长，可借助于钢丝连接器或铁丝密排绑扎。刻痕钢丝的绑扎长度不应小于 $80d$，钢丝搭接长度应比绑扎长度大 $10d$（d 为钢丝直径）。

预应力钢绞线接长时，可用接长连接器，见图 2-10。预应力钢绞线与工具式螺杆连接时，可采用套筒式连接器（图 5-36）。

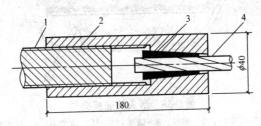

图 5-36　套筒式连接器

1—工具式螺杆；2—套筒；3—工具式夹片；4—钢绞线

5.2.4　预应力筋张拉

1. 预应力钢丝张拉

1）单根钢丝张拉

预应力钢丝可在两横梁式长线台座上采用电动卷扬张拉机单根张拉，弹簧测力计测力，锥销式夹具锚固（图 5-37）。

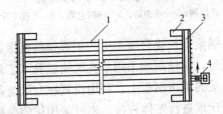

图 5-37　用电动卷扬张拉机张拉单根钢丝

1—预应力钢丝；2—台墩；3—钢横梁；4—电动卷扬张拉机

2）整体张拉

(1) 在预制厂用机组流水法生产预应力多孔板时，还可在钢模上用镦头梳筋板夹具整体张拉（图 5-38），钢丝两端镦粗，一端卡在固定梳筋板上，另一端卡在张拉端的活动梳筋板上。用张拉钩（图 5-39）钩住活动梳筋板，再通过连接套筒将张拉钩和拉杆式千斤顶连接，即可张拉。

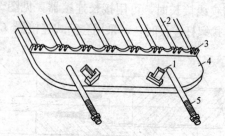

图 5-38 镦头梳筋板夹具
1—张拉钩槽口；2—钢丝；3—镦头；4—活动梳筋板；5—锚固螺杆

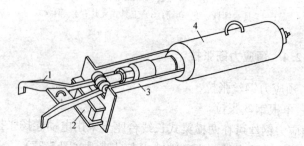

图 5-39 张拉千斤顶与张拉钩
1—张拉钩；2—承压架；3—连接套筒；4—张拉千斤顶

（2）在两横梁式长线台座上生产刻痕钢丝或螺旋肋钢丝配筋的预应力薄板时，钢丝两端采用单孔镦头锚具（工具锚）安装在台座两端钢横梁的承压钢板上，利用设置在台墩与钢横梁之间的两台台座式千斤顶进行整体张拉。也可采用优质单根钢丝夹片式夹具代替（图 2-14）镦头锚具，便于施工。

当钢丝达到张拉力后，锁定台座式千斤顶，直到混凝土强度达到放张要求后，再放松千斤顶。

3）钢丝张拉程序

预应力钢丝由于张拉工作量大，宜采用一次张拉程序。

$$0 \to (1.03 \sim 1.05)\sigma_{con} \text{（锚固）}$$

其中，1.03～1.05 是考虑弹簧测力计的误差、温度影响、台座横梁或定位板刚度不足、工人操作影响。

2. 预应力钢绞线张拉

1）单根张拉

在两横梁式台座上，单根钢绞线可采用 YCQ20D 型千斤顶或 YDC240Q 型前卡式千斤顶张拉，单孔夹片工具锚固定。

预制空心板梁的张拉顺序为先张拉中间一根，再逐步向两边对称进行。预制梁的张拉顺序为左右对称进行。如梁顶预拉区配有预应力筋则应先张拉。

2）整体张拉

在三横梁式台座上，可采用台座式千斤顶整体张拉预应力钢绞线，见图 5-40。台座式千斤顶与活动横梁组装在一起，利用工具式螺杆与连接器将钢绞线挂在活动横梁上。张拉前，宜采用小型千斤顶在固定端逐根调整钢绞线初应力。张拉时，台座式千斤顶推动活动横梁带动钢绞线整体张拉，然后用夹片锚或螺母锚固在固定横梁上。为了节约钢绞线，其两端可再配置工具式螺杆与连接器。对预制构件较少的工程，可取消工具式螺杆，直接将钢绞线用夹片锚固在活动横梁上。如利用台座式千斤顶整体放张，则可取消固定端放张装置。在张拉端固定横梁与锚具之间加U形垫片，有利于钢绞线放张。

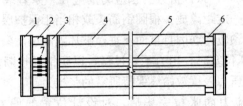

图 5-40 三横梁式成组张拉装置

1—活动横梁；2—千斤顶；3—固定横梁；4—槽式台座；
5—预应力筋；6—放张装置；7—连接器

3）钢绞线张拉程序

采用低松弛钢绞线时，可采用一次张拉程序。

对单根张拉：$0 \rightarrow \sigma_{con}$（锚固）

对整体张拉：$0 \rightarrow$ 初应力调整 $\rightarrow \sigma_{con}$（锚固）

3. 预应力值校核

预应力钢绞线的张拉力一般采用伸长值校核。张拉时预应力筋的理论伸长值与实际伸长值的允许偏差为±6%。

预应力钢丝张拉时，伸长值不作校核。钢丝张拉锚固后，应采用钢丝内力测定仪检查钢丝的预应力值。其偏差不得大于或小于设计规定相应阶段预应力值的5%。

预应力钢丝内力的检测，一般在张拉锚固后1h进行。此时，锚固损失已完成，钢丝松弛损失也部分发生。检测时预应力设计规定值应在设计图纸上注明，当设计无规定时，可按表5-14取用。

钢丝预应力值检测时的设计规定值　　　表 5-14

张 拉 方 法		检 测 值
长 线 张 拉		$0.94\sigma_{con}$
短线张拉	长4m	$0.91\sigma_{con}$
	长6m	$0.93\sigma_{con}$

4. 张拉注意事项

1）张拉时，张拉机具与预应力筋应在一条直线上；同时在台面上每隔一定距离放一根圆钢筋头或相当于保护层厚度的其他垫块，以防预应力筋因自重而下垂，破坏隔离层污染预应力筋。

2）顶压锚塞时，用力不要过猛，以防钢丝折断；在拧螺母时，应注意压力表读数始终保持所需的张拉力。

3）预应力筋张拉完毕后，对设计位置的偏差不得大于5mm，也不得大于构件截面最短边长的4%。

4）在张拉过程中发生断丝或滑脱钢丝时，应予以更换。

5）台座两端应有防护设施。张拉时沿台座长度方向每隔4～

5m放一个防护架，两端严禁站人，也不准进入台座。

5.2.5 预应力筋放张

预应力筋放张时，混凝土强度应符合设计要求；如设计无规定，不应低于设计的混凝土强度标准值的75%。

1. 放张顺序

预应力筋的放张顺序，如设计无规定，可按下列要求进行：

1) 轴心受压的构件（如拉杆、桩等），所有预应力筋应同时放张。

2) 偏心受压的构件（如梁等），应先同时放张预压力较小区域的预应力筋，再同时放张预压力较大区域的预应力筋。

3) 如不能满足以上两项要求时，应分阶段、对称、交错地放张，以防止在放张过程中构件产生弯曲、裂纹和预应力筋断裂。

2. 放张方法

预应力筋的放张工作，应缓慢进行，防止冲击。常用的方法如下：

1) 用千斤顶拉动单根钢筋，放松螺母。放张时由于混凝土与预应力筋已结成整体，松开螺母的间隙只能是最前端构件外露钢筋的伸长，因此，所施加的应力往往超过控制应力10%，比较费力。

2) 采用两台台座式千斤顶整体缓慢放松，应力均匀，安全可靠。放张用台座式千斤顶可专用或与张拉合用。为防止台座式千斤顶长期受力，可采用垫块顶紧。

3) 对先张法板类构件的钢丝或钢绞线，放张时可直接用手提砂轮锯或氧炔焰切割。放张工作宜从生产线中间开始，以减少回弹量且有利于脱模；对每一块板，应从外向内对称放张，以免构件扭转而端部开裂。此外，也可在台座的一端浇捣一块混凝土缓冲块。这样，在应力状态下切割预应力筋时，使构件不受或少受冲击。

为了检查构件放张时钢丝与混凝土的粘结是否可靠,切断钢丝时应测定钢丝向混凝土内的回缩情况。

钢丝的回缩值:对预应力钢丝不应大于 1.2mm。如果最多只有 20%的测试数据超过上述规定值的 20%,则检查结果是令人满意的。如果回缩值超过上述数值,则应加强构件端部区域的分布钢筋、提高放张时混凝土强度等。

钢丝回缩值的简易测试方法是在板端贴玻璃片和在靠近板端的钢丝上贴胶带纸用游标卡尺读数,其精度可达 0.1mm。

5.2.6 先张法预制构件

1. SP 预应力混凝土空心板

SP 预应力混凝土空心板是采用美国 SPANCRETE 机械制造公司(SMC)生产线生产的一种预应力混凝土空心板。自 1996 年至今列为建设部重点科技成果推广项目。

SP 预应力混凝土空心板采用挤压成型机长线先张法生产,干硬性混凝土冲捣挤压一次成型。该设备可在 200m 长的生产线内连续生产,可按要求切割成任意长度;生产速度为 0.8～3.6m/min。预制板宽度为 1.2m,厚度 100～380mm,板长 4.2～18m,混凝土 C40～C45,最大标准荷载 20kN/m² (图 5-41)。SP 预应力空心板的生产线已形成国产化,达到国外同类产品水平。

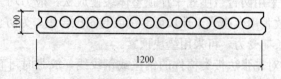

图 5-41 SP 板截面示意图

SP 预应力空心板配置强度等级为 1860N/mm²、直径为 ϕ8.6～12.7mm 的钢绞线,具有强度高,跨度大,与同跨度圆孔板相比，配筋量降低 25%～40%，相应的荷载能力提高 19%～70%。

SP预应力空心板产品外观质量好、尺寸误差小，平整度好，能直接作天花板或地板，甚至不用抹面，就可铺地毯地砖彩色涂料。广泛应用于工厂、学校、体育馆、影剧院、商场、办公楼等工程。

2. 预应力混凝土薄板

预应力混凝土薄板是采用机械布料、长线张拉、蒸汽养护先张法生产的混凝土预制构件。

预应力混凝土薄板产品外观质量好、尺寸误差小，板底平整度好，且不受抗震烈度限制等优点，适用于办公楼、教室等比较规则或大开间的各类建筑工程。

目前已编制了江苏省通用图集《预应力混凝土板叠合板》（苏G11—2003）。板的宽度为 0.6～2.5m，厚度为 50～80mm，跨度为 3.0～7.8mm。预应力筋采用直径为5mm的螺旋肋钢丝，混凝土为C40（图5-42）。

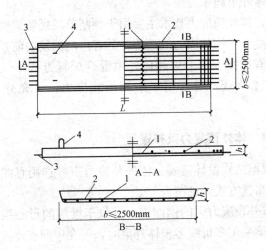

图 5-42 预应力混凝土薄板示意图

1—预应力钢丝；2—分布筋；3—钢丝外露150mm；4—吊钩；h—板厚

5.3 体外预应力施工

体外预应力筋（束）是布置在结构截面之外的一种预应力筋。通过与结构构件相连的锚固端块和转向块将预应力传递到结构上。

体外预应力构件中，任一截面处预应力筋的应变变化值与该处混凝土的应变变化值不同，仅在锚固区及转向块处与结构有相同的变位。当梁体受弯变形产生挠度时，除了会使体外束的有效偏心距减小、降低体外束的作用外；在转向块与体外束的接触区域由于横向挤压力的作用和预应力筋因弯曲后引起产生的内应力可能使预应力筋的强度下降。

体外预应力体系具有以下优点：
(1) 能在结构使用期内检测、维护和更换。
(2) 减小结构尺寸，减轻结构自重。
(3) 体外束形简单，摩阻损失小。
(4) 体外束施工方便，质量易保证。

目前，体外预应力技术主要用于预制节段拼装梁桥、钢结构拉索、混凝土结构加固与改造等，具有广阔的发展前景。

体内有粘结预应力束和体外束混合配置方式——前者承担恒载和施工荷载，后者用来平衡活载应力，可充分发挥其优越性。

5.3.1 体外预应力束布置

1) 根据结构设计需要，体外预应力束可选用直线、双折线或多折线布置方式，见图5-43。

2) 体外预应力束的锚固点，宜位于梁端的形心线以上。对多跨连续梁采用多折线多根体外束时，可在中间支座或其他部位增设锚固点。

3) 对多折线体外束，弯折点宜位于距梁端 1/4~1/3 跨度的

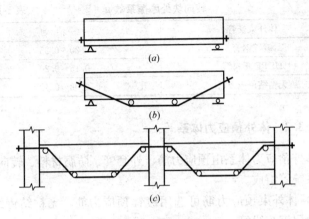

图 5-43 体外预应力束布置
(a) 直线形;(b) 双折线形;(c) 多跨双折线形

范围内。体外束锚固点与转向块之间或两个转向块之间的自由端长度不宜大于 8m;超过该长度时宜设置防振动装置。

4) 体外预应力束布置应使结构对称受力,对矩形或工字形梁,体外束应布置在梁腹板的两侧。体外预应力束也可作为独立的受拉单元使用(如张弦梁等)。

5) 体外束在每个转向块处的弯折角不宜大于 15°,转向块鞍座处最小曲率半径宜按表 5-15 取用。体外束与鞍座的接触长度由设计计算确定。

体外束最小曲率半径 表 5-15

钢绞线束	最小曲率半径(m)
7ϕ^s15.2	2.0
12ϕ^s15.2	2.5
19ϕ^s15.2	3.0
37ϕ^s15.2	4.0

6) 体外预应力束与转向块之间的摩擦系数 μ,可按表 5-16 取值。

转向块处摩擦系数 μ 表 5-16

体外束套管	μ 值
镀锌钢管	0.20~0.25
HDPE 塑料管	0.15~0.20
无粘结预应力筋	0.08~0.12

5.3.2 体外预应力体系

体外预应力体系由预应力筋、外套管、防腐材料、转向块和锚固系统等组成。

1）体外束预应力筋可选用镀锌预应力筋、无粘结钢绞线、环氧涂层钢绞线等。

2）体外束的外套管，可选用高密度聚乙烯管（HDPE）或镀锌钢管。钢管壁厚宜为管径的 1/40，且不应小于 2mm。HDPE 管壁厚不宜小于 5mm。

3）体外束的防腐材料应满足下列要求：

（1）水泥基灌浆料在施工过程中应填满外套管，连续包裹预应力筋全长，并使气泡含量最小；套管应能承受 $1.0 N/mm^2$ 的压力。

（2）工厂制作的体外束防腐材料，在加工制作、运输、安装和张拉等过程中，应能保持稳定性、柔性和无裂缝，并在所要求的温度内不流淌。

（3）防腐蚀材料的耐久性能应与体外束所处的环境类别和相应设计使用年限的要求一致。

（4）体外束的锚固体系必须与束体的形式和组成相匹配，可采用常规后张锚固体系或体外束专用锚固体系。

对于有整体调束要求的钢绞线夹片锚固体系，可采用锚具外螺母支撑承力方式。对低应力状态下的体外束，其锚具夹片应装有防松装置。

5.3.3 体外预应力构造要求

1. 混凝土箱形梁

混凝土箱形梁体外预应力的构造,见图5-44。

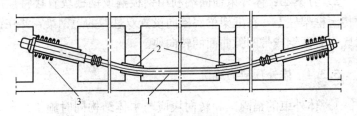

图5-44 箱形梁体外束布置构造
1—预应力束及套管;2—转向块;3—锚固端

1)体外束的锚固端宜设置在梁端隔板或腹板外凸块处,应保证传力可靠,且变形符合设计要求。

2)体外束的转向块可采用通过隔梁、肋梁或独立的转向块等形式实现转向。转向块处的钢套管鞍座应预先弯曲成型,埋入混凝土中。

3)对可更换的体外束,在锚固端和转向块处与结构相连的鞍座套管应与外套管分离且相对独立。

2. 混凝土框架梁加固

1)方案一:体外束锚固端设置在柱两侧的边梁上,再传至框架柱上;转向块设置在框架梁两侧的次梁底部,利用U形钢卡箍上的圆钢实现转向,见图5-45。

在靠近预应力梁端,设计一个用膨胀螺栓锚固在混凝土梁上

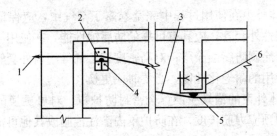

图5-45 框架梁体外束布置构造
1—锚固端;2—折点;3—预应力筋;4—转向块A;5—转向块B;6—卡箍

的钢制转向装置,使体外束由斜向转为水平向。

2)方案二:体外束锚固端利用钢板箍或钢板块直接将预应力传至框架柱上,在框架梁底横向设置双悬臂的短钢梁,并在钢梁底焊有圆钢或带圆弧曲面的转向块。

5.3.4 体外预应力施工

1)体外束的锚固区和转向块应与主体结构同时施工。预埋锚固件与管道的位置和方向应严格符合设计要求,混凝土必须精心振捣,保证密实。

2)体外束的制作应保证束体的耐久性等要求,并能抵抗施工和使用中的各种外力作用。当有防火要求时,应涂刷防火涂料或采取其他可靠的防火措施。

3)体外束外套管的安装应保证连接平滑和完全密闭。束体线形和安装误差应符合设计和施工要求。在穿束过程中应防止束体护套受机械损伤。

4)在混凝土梁加固工程中,体外束锚固端的孔道可采用静态开孔机成型。在箱梁底板加固工程中,体外束锚固块的做法可开凿底板植入锚筋,绑焊钢筋和锚固件,再浇筑端块混凝土。

5)体外束的张拉应保证构件对称均匀受力,必要时可采取分级循环张拉方式。

在构件加固中,如体外束的张拉力小,也可采取横向张拉或机械调节方式。

6)体外束在使用过程中完全暴露于空气中,应保证其耐久性。对刚性外套管,应具有可靠的防腐蚀性能,在使用一定时期后应重新涂刷防腐蚀涂层;对高密度聚乙烯等塑料外套管,应保证长期使用的耐老化性能,必要时应更换。

7)体外束的锚具应设置全密封防护罩。对可更换的束应保留必要的预应力筋长度,在防护罩内灌注油脂或其他可清洗的防腐材料。

6 混凝土结构预应力施工

部分预应力混凝土结构是由预应力筋与普通钢筋混合配筋，在全部使用荷载作用下受拉边缘允许出现一定的拉应力或裂缝的一种预应力混凝土结构。这种结构兼有全预应力混凝土结构和钢筋混凝土结构两者的优点，既能有效地控制使用条件下的裂缝和挠度，破坏前又有较高的延性和能量吸收能力，因此具有较大的发展前景。

6.1 预应力混凝土结构体系

房屋建筑中，现浇预应力混凝土结构，主要有两类：部分预应力混凝土框架结构体系和无粘结预应力混凝土楼板结构体系。

6.1.1 部分预应力混凝土框架结构体系

部分预应力混凝土框架结构是在框架梁中施加部分预应力的一种现浇结构体系。框架柱一般是非预应力的；对顶层边柱，有时为了解决配筋过多，也有施加预应力的。这种结构体系具有跨度大、内柱少、工艺布置灵活、结构性能好等优点，已广泛用于大跨度多层工业厂房、仓库及公共建筑。

该结构体系主、次梁的布置有三种方式。

1. 横向（跨度大）主梁、纵向（开间小）次梁方式

通常，这种方式只对主梁施加预应力，对跨度较大的次梁、偏心距较大的顶层边柱等有时也需要施加预应力。楼面结构可采用现浇梁板、预制预应力空心板、钢桁架次梁现浇楼面板、现浇无粘结预应力平板（或梁板）等。这种布置方式，主梁的高度虽

然较大,但通风管道可从梁腹中穿过或位于次梁底部平行于主梁布置。

2. 纵向主梁、横向次梁方式

这种方式次梁的跨度大,需要施加预应力。主梁一般不施加预应力,只有在跨度较大时,需要施加预应力。这种布置方式由于次梁为密肋式,高度较小,如不设通风管道,可降低层高。由于纵向框架分流了横向框架上的荷载,顶层框架边柱的大偏心受压状态得到改善,解决了边柱配筋过多的困难。

3. 双向主梁、井字次梁方式

这种方式双向主梁都需要施加预应力。井字次梁一般不施加预应力;只有在跨度大、荷载重的情况,需要施加预应力。这种布置方式对柱网双向尺寸相等或相差不大的情况较为合适。

上述结构体系的适用跨度为 12~35m,其中经济跨度:对单梁为 15~20m,对多跨连续梁为 12~24m。梁的经验跨高比:对一般荷载为 16~20;对重荷载为 12~15。预应力主梁应采用有粘结预应力筋,次梁可采用缓粘结或无粘结预应力筋。对低预应力度的框架梁,如采用无粘结预应力筋,应加强普通钢筋配置。

6.1.2 无粘结预应力混凝土楼板结构体系

无粘结预应力混凝土楼面结构是在楼板中配置无粘结预应力筋的一种现浇楼板结构体系。这种结构体系具有柱网较大、使用灵活、施工方便等优点,广泛用于大开间多层建筑、高层建筑等。但预应力筋的强度不能充分发挥,开裂后的裂缝较集中。采用无粘结部分预应力混凝土,可改善开裂后的性能与破坏特征。

无粘结预应力混凝土现浇楼板按受力形式可分为:单向板和双向板;按支承形式可分为:有梁支承板和无梁支承板;按板的形式可分为:平板、密肋板、空心板等。其适用跨度和经验跨高比见表 6-1。

无粘结预应力混凝土楼板的跨度与跨高比　　　表 6-1

楼板型式	适用跨度(m)	经验跨高比
单向平板	7~10	40~45
无柱帽双向平板	7~10	40~45
带柱帽双向平板	9~12	45~50
梁支承双向平板	10~12	45~50
双向密肋板	10~15	30~31
扁梁	9~15	20~25
单向空心楼盖	12~19	35~45
梁支承双向空心楼盖	14~27	40~50
无梁支承双向空心楼盖	12~27	40~45

上述预应力楼板体系，以往都采用无粘结预应力技术，施工方便，但平板用钢量大，也不利于结构的更新改造、开洞等。近几年来，采用扁锚体系开发出有粘结预应力平板、扁梁或采用缓粘结预应力体系等，具有较好的发展前景。

6.2　预应力筋布置

6.2.1　预应力筋布置原则

1) 预应力筋外形与位置应尽可能与弯矩图一致。
2) 尽量减少预应力筋的孔道摩擦损失，以提高控制截面处的有效预应力值。
3) 预应力筋长度应尽量多跨连接，以减少端部锚固体系。

6.2.2　框架梁预应力筋布置

1. 单跨框架梁预应力筋布置

单跨框架梁预应力筋布置的基本形式有以下三种，见图 6-1。
1) 正反抛物线形布置（图 6-1 (a)）

从跨中 C 点至支座 A（B）点采用两段曲率相反的抛物线，在反弯点 D（E）处相接并相切，A（B）点与 C 点分别为两抛

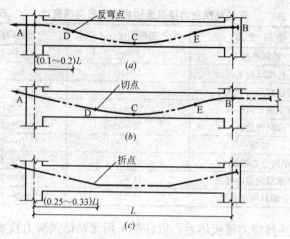

图 6-1 单跨框架梁预应力筋布置形式
(a) 正反抛物线形式；(b) 直线与抛物线相切；(c) 折线形

物线的顶点。反弯点的位置线距梁端的距离，宜取 (0.1~0.2) L（L为梁的跨度）。这种布置适用于支座弯矩与跨中弯矩基本相等的情况。

2) 直线与抛物线相切布置（图 6-1 (b)）

边支座区段的直线与跨中区段抛物线相切于 D 点，内支座区段采用反向抛物线。这种布置方式适用于边支座弯矩较小的框架梁。

3) 折线形布置（图 6-1 (c)）

折点距梁端的距离，宜取 (0.25~0.33) L，折点处应采取弧形过渡。这种布置方式适用于集中荷载作用下的框架梁或开洞梁。

关于上述预应力筋反弯点和切点求法及竖向坐标计算，详见 4.1 节。

2. 多跨框架梁预应力筋布置

多跨框架梁预应力筋布置，在图 6-1 基本形式上，作下列几点补充：

1) 在不等跨框架梁中，短跨弯矩小，部分预应力筋可在短跨处切断，必要时，也可减小短跨梁的高度或将短跨跨中截面处预应力筋抬高。

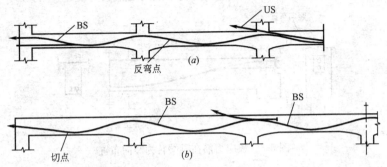

图 6-2 多跨框架梁预应力筋布置
(a) 预应力筋通长布置；(b) 预应力筋搭接布置
BS—有粘结预应力筋；US—无粘结预应力筋

2) 在多跨框架梁中，内支座截面处弯矩大，可采用加腋措施，使预应力筋在跨中与支座处都能充分发挥强度，见图 6-2 (a)、(b)。

3) 在大跨度预应力框架中，顶层边柱的偏心弯矩大，梁端支座截面处弯矩小，因此顶层框架梁在边支座截面处配置的预应力筋在满足负弯矩的前提下，宜将其整体下移或将其中一部分移至梁的底部，有利于减少边柱弯矩值，见图 6-2 (a)、(b)。

4) 在多层框架梁中，超长预应力筋的有效预应力值不宜小于 $0.4 f_{ptk}$。根据这一要求，通长布置的有粘结预应力筋不宜超过 5 跨，长度不宜大于 75m，如中跨预应力损失大，可适当配置无粘结预应力筋补足，见图 6-2 (a)。

5) 在多跨框架梁中，超长预应力筋可采取对接法或搭接法接长。

图 6-2 (b) 示出 6 跨框架梁两束有粘结预应力筋采用二段的搭接方法。其中，一段为 2 跨，一端张拉；另一段为 4 跨，两端张拉。也可将预应力筋分为 3 跨二段，两束均在中支座处搭接并采用两端张拉。

3. 梁端钢筋稠密处预应力筋布置

如梁端钢筋稠密，两束预应力筋并排布置有困难时，可将预应力筋由跨中处的平行布置转为在梁柱节点附近呈竖向布置（图 6-3）。

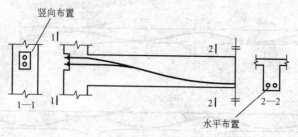

图 6-3　预应力筋在梁端转为竖向布置

6.2.3　框架柱预应力筋布置

在大跨度预应力混凝土框架结构中，由于框架梁跨度大，荷载大，顶层梁柱节点采用刚接时，就会导致顶层边柱的偏心弯矩很大，柱中需配置很多纵向主钢筋，造成钢材浪费。如将顶层边柱设计成预应力混凝土柱，可有效地解决边柱中配筋过多的问题，而且又提高了边柱的刚度和抗裂度。

顶层柱中的预应力筋布置形式应采取与荷载产生的弯矩图形相接近的形状，且其在柱顶和柱底截面的偏心距 e 值应尽可能取大值。图 6-4 所示为二种框架柱预应力筋布置方式。图 6-4（a）二段抛物线布筋方式的优点是能与使用阶段的弯矩图相吻合，施工方便。图

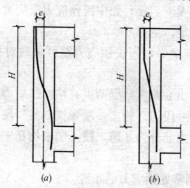

图 6-4　框架柱预应力筋布置方式
（a）二段抛物线式；（b）折线式

6-4(b)折线形布筋方式的优点是与使用阶段的弯矩图基本吻合,摩擦损失较小。

6.2.4 楼板预应力筋布置

1. 多跨单向平板

某公寓大开间多层现浇板墙体系采用无粘结预应力单向楼板,其无粘结预应力筋采取纵向多波连续曲线布筋方式,见图6-5。该工程两端两个标准单元分别转90°,利用该单元的横墙作为整个建筑的纵向抗侧力结构。

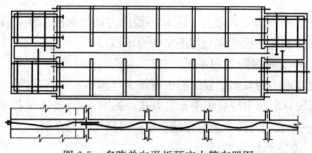

图 6-5 多跨单向平板预应力筋布置图

2. 柱支承多跨双向平板

1)柱上板带与跨中板带布筋(图6-6(a))

在垂直荷载作用下,通过柱内或靠近柱边的预应力筋比远离柱边的预应力筋分担的抗弯承载能力多。对长宽比不超过1.33的板,在柱上板带内配置65%～75%的预应力筋,其余分布在跨中板带。这种布筋方式的缺点是穿筋、编网和定位等给施工带来不便。

2)一向带状集中布筋,另向均匀分散布筋(图6-6(b))

预应力混凝土双向平板的抗弯承载能力主要取决于板在每一方向上的预应力筋总量,与预应力筋的配筋形式关系不大。因此可将无粘结预应力筋在一个方向上沿柱轴线呈带状集中布置在宽度1.0～2.0m的范围内,而在另一方向上采取均匀分散布置方式,至少应有两根预应力筋穿过柱。这种布筋方式可产生具有双向预应力的单向板效果,平板中的带状预应力筋起到了支承梁的

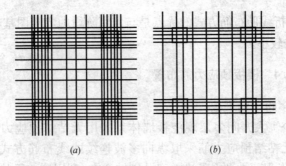

图 6-6 多跨双向平板预应力筋布置方式
(a) 按柱上板带与跨中板带布筋;(b) 一向带状集中布筋,另向均匀分散布筋

作用。这种布筋方式避免了无粘结预应力筋的编网工作,易于保证无粘结预应力筋的竖向坐标,便于施工。

3. 梁支承多跨双向平板

梁支承多跨双向平板的跨中弯矩大(板宽 1/2 范围内),预应力筋采取双向跨中带状集中布置方式,见图 6-7,每条带状预应力筋为 3~4 根钢绞线。采用带状布筋,可简化编网穿束。

4. 墙支承异形平板

某工程塔楼标准层的平面形状呈八边形,采取多跨空间曲线带状布筋方式。图 6-8 示出其中的 1/4 部分,每条带状 2 根并筋;预应力筋离开墙体应有一定距离,以免影响预应力建立。这种布筋方式可增大预应力筋长度,减少锚具,降低成本。

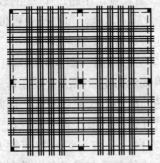

图 6-7 梁支承双向大平板预应力筋带状布置方式

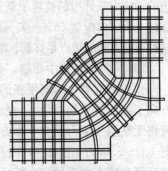

图 6-8 墙支承双向异形平板预应力筋空间曲线带状布置方式

5. 现浇混凝土空心无梁楼盖

现浇混凝土预应力空心楼盖是按一定的规则放置内模后浇筑混凝土而在楼板中形成空腔的预应力混凝土楼盖。

常用的孔芯材料是由胶凝材料结合特种纤维制作的薄壁空心筒体（简称空心管）。空心管直径为100～500mm；壁厚为0.6～1.5mm；长度有1000、1200mm两种。

预应力筋一般采用无粘结钢绞线，布置在两个空心管之间形成的肋梁。单向板一般是顺管长连续布置，见图6-9（a），双向板还应顺管顶方向布置，见图6-9（b）。无梁支承双向空心楼盖柱上板带应做成实心暗梁（图6-10）。梁内无粘结筋可以集束布置，端部采用单根锚固。锚固区（图6-11）、柱边等主要部位都应做成实心体。

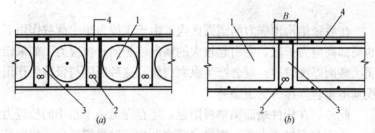

图6-9 现浇混凝土预应力空心楼盖
(a) 预应力筋顺管长布置；(b) 预应力筋顺管顶布置
1—空心管；2—预应力筋；3—肋梁；4—限位钢筋；B—肋梁宽

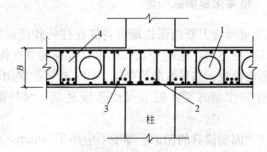

图6-10 预应力空心楼盖暗梁
1—空心管；2—预应力筋；3—暗梁；4—肋梁

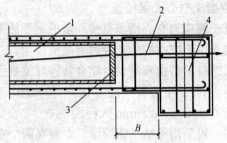

图 6-11 预应力空心楼盖边梁
1—空心管；2—预应力筋；3—空心管端部封板；
4—边梁；B—实心段宽度≥300mm

6.3 锚固区构造

在后张结构预应力筋锚固区内，由于张拉力集中荷载作用下的局部高应力扩散，会引起较大的横向（竖向）拉应力。如果锚固区截面厚度较薄，则会产生纵向裂缝。这种裂缝与张拉力作用线基本重合，称为劈裂裂缝。

此外，在构件端面锚垫板附近，还存在另一个很小的拉应力区，会引起混凝土剥落，裂缝也随之产生。这类裂缝位于集中荷载的侧面。裂缝大体上与荷载轴线平行，称为剥落裂缝。

6.3.1 框架梁锚固区构造

1) 框架梁预应力筋的张拉端可设置在柱的外侧，分为凸出式和凹入式两种类型，见图 6-12。凸出式张拉端节点构造简单，但因凸头影响美观，需采取装饰处理。凹入式张拉端用细石混凝土封堵后可与柱面齐平，但节点构造较复杂，对柱截面有所削弱。

凸出式锚固端锚具的保护层厚度不应小于 50mm，外露预应力筋的混凝土保护层厚度：处于一类环境时，不应小于 20mm；处于二、三类易受腐蚀环境时，不应小于 50mm。

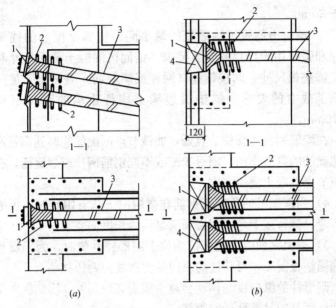

图 6-12 框架梁预应力筋张拉端构造
(a) 预应力筋锚固在柱外侧；(b) 预应力筋锚固在柱凹槽内
1—锚具与锚垫板；2—螺旋筋；3—波纹管；4—凹入模板

2) 框架梁预应力筋的固定端可采用张拉端的做法，也可采用埋入混凝土内的内埋式做法。对多束预应力筋的固定端，宜交错布置于梁的两端。

当内埋式固定端位于梁体内时，应错开布置，间距不小于300mm，且锚垫板距梁侧面不小于40mm，见图 6-13。当内埋式固定端位于梁柱节点内时，应尽量伸至柱外侧，但锚具保护层不

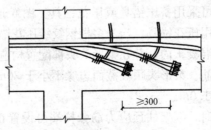

图 6-13 预应力筋固定端内埋式做法

小于30mm。

3）预应力筋张拉端锚具的最小间距应满足配套的锚垫板尺寸和张拉用千斤顶的安装要求。锚固区混凝土截面尺寸和强度、锚垫板尺寸、间接钢筋（网片或螺旋筋）等必须满足局部受压承载力的要求。锚垫板边缘至构件边缘的距离不宜小于50mm。

在配筋稠密的梁柱节点处，如该节点原配筋能起到钢筋网片或螺旋筋的等效作用，则可少配或不配钢筋网片或螺旋筋，有利于该节点混凝土浇筑密实。

4）当框架梁的负弯矩钢筋在梁端向下弯有困难时，可缩进向下弯、侧弯或上弯，但必须满足锚固长度的要求。

5）框架梁预应力筋张拉端位于矩形柱外侧时，为了设置张拉端锚垫板需要，可将柱的纵向受力钢筋向两边移动。

圆形柱的纵向钢筋移动会减少截面有效高度，因此纵向钢筋移动后要补插足够数量的钢筋。

6）当预应力筋锚固在简支梁和悬臂梁端时，为防止沿预应力筋发生劈裂，应增配均布的附加箍筋或网片。

7）在梁中部凸起或凹进处设置锚具时，由于截面突变（见图6-15），在折角处混凝土有可能发生斜裂缝，应采用附加钢筋加固。

6.3.2 框架柱锚固区构造

框架柱预应力筋张拉端一般设置在柱顶（图6-12）；固定端设置在柱脚，可采用挤压锚具或压花锚具。图6-14（a）示出钢绞线固定端采用压花锚具。当为多根钢绞线压花锚具时，梨形头应分排埋置在混凝土内，并在梨形头头部配置构造筋；在梨形头根部配置螺旋筋。梨形头距柱截面边缘不小于30mm，钢绞线锚固长度不小于1.0m。

特殊情况时，框架柱预应力筋张拉端可设置在下层柱身上，见图6-14（b）。

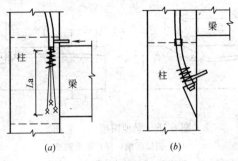

图 6-14 框架柱锚固端构造
(a) 钢绞线束固定端；(b) 钢绞线束张拉端

6.3.3 楼板锚固区构造

1) 在平板中单根无粘结预应力筋的张拉端可设置在边梁或墙体外侧，有凸出式或凹入式做法。前者可利用外包钢筋混凝土圈梁封裹，后者利用细石混凝土封口。锚垫板尺寸为 80mm×80mm×12mm；螺旋筋为 $\phi 6$ 钢筋，螺旋直径 70mm，3～5 圈。

2) 采用现浇混凝土空心无梁楼盖，张拉端和固定端端部必须有不小于 300mm 的实心部分以承受局部压力。

6.3.4 特殊部位构造

1) 多跨超长预应力筋的连接有对接法和搭接法。采用对接法时，混凝土逐段浇筑与张拉后，用连接器接长。采用搭接法时，预应力筋在支座处搭接，分别从柱两侧的梁顶面伸出张拉（图 6-15），也可从加厚的梁侧处（图 6-16）或从加厚的楼板处伸出张拉。

2) 构件中预应力筋弯折处宜加密箍筋，或在弯折内侧设置附加钢筋网片。

3) 弯梁中配置预应力筋时，应在梁腹内设置防崩裂的构造钢筋，见图 6-17 所示。

防崩裂钢筋可选用 $\phi 12$～$\phi 16$ 钢筋，做成 U 形，套在内排曲线预应力筋上，与外侧钢筋骨架焊牢。

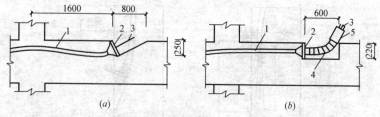

图 6-15 梁顶留槽法（立面）

（a）斜口凹槽；（b）矩形凹槽

1—金属波纹管；2—锚垫板；3—预应力筋；4—变角块；5—张拉千斤顶

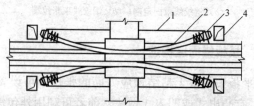

图 6-16 预应力筋搭接处梁侧加厚法（平面）

1—梁侧加厚；2—金属波纹管；3—锚固体系；4—留洞

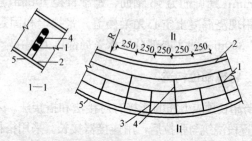

图 6-17 预应力混凝土曲梁防崩裂钢筋布置

1—纵向预应力筋；2—曲梁钢筋；3—短防崩筋；4—长防崩筋；5—曲梁

4）在预应力混凝土结构中，为防止相邻钢筋混凝土构件出现裂缝，应采取下列措施。

（1）对预应力筋仅配置框架梁内的预应力混凝土楼盖，应在预应力传递的边区格及角区格的板内加配双向非预应力筋，以抑制斜裂缝开展。

（2）对支承预应力次梁的钢筋混凝土边主梁，为防止其在次梁支座附近出现垂直裂缝，应增配腰筋、箍筋和纵向钢筋，必要时加大边主梁宽度。

(3) 为防止混凝土收缩与温度变化产生的裂缝，预应力混凝土大梁的腰筋直径不宜小于 16mm，间距不宜大于 200mm；对跨度特大、荷载特重的大梁，腰筋还可采用无粘结预应力筋。

(4) 对预应力混凝土大梁端部的短柱，其箍筋应沿柱高全程加密，并采用封闭箍筋或焊接箍筋。

对超短柱，应在张拉阶段采用滑动支座或短柱上下的大梁应同时对称张拉，使相对侧移减小，避免出现剪切裂缝。

(5) 为防止与预应力混凝土楼盖结构相连的钢筋混凝土中出现受拉裂缝，应在相邻处留设后浇带。如不留后浇带，预应力筋应伸入相连的钢筋混凝土梁板上分批截断与锚固，与预应力混凝土楼盖相连一跨的大梁与板中的非预应力筋也应加强。

5) 当板上需要设置不大的孔洞时，可将板内无粘结预应力筋在两侧绕开洞处铺设，见图 6-18。无粘结预应力筋距洞边不宜小于 150mm，水平偏移的曲率半径不宜小于 6.5m。洞边应配置构造钢筋。

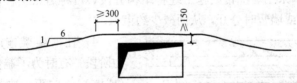

图 6-18　洞口处无粘结预应力筋构造要求

当板上需要设置较大的孔洞时，若需要在洞口处中断一些预应力筋，宜采用图 6-19 (a) 所示的（限制裂缝）的中断方式，而不应采用图 6-19 (b) 所示的"助生裂缝"的中断方式。

6.3.5　减少约束影响的措施

在后张楼板中，如平均预压应力约为 $1.0N/mm^2$，一般不会因楼板弹性缩短和混凝土收缩、徐变而产生大的变形，无须采取特殊的构造措施来减少约束力。然而，当建筑物的尺寸或施工缝

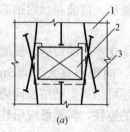 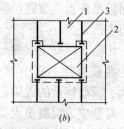

图 6-19 洞口预应力筋布置

(a) 限制裂缝；(b) 助生裂缝

1—板；2—洞口；3—预应力筋

的间距很大，或板支承在刚性构件上时，如不采取有效的构造措施，将会产生很大的约束力，仍要当心。

1) 合理布置和设计支承构件；如将抗侧力构件布置在结构位移中心不动点附近、采用相对细长的柔性柱等可以使约束力减小；必要时应在柱中配置附加钢筋承担约束作用产生的附加弯矩。

2) 对平面形状不规则的板，宜划分为平面规则的单元，使各部能独立变形。

3) 采用后浇带或施工缝将结构分段，可将后张楼板体系与约束柱或墙暂时分开，从而减少约束力。

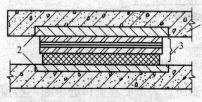

图 6-20 滑动支座做法

1—屋盖结构；2—钢板；3—A型滑动垫板

4) 在框架梁施加预应力阶段，有时为了避免受柱（或墙）的约束，梁端可先作成滑动支座或柱脚先作成铰接，待预应力筋张拉后，再将该节点作成刚接。

为了增加滑动效果，在梁端上下钢板之间设置滑动支座（图 6-20）。滑动支座由橡胶板、镀锌钢板、润滑剂、不锈钢皮和镀锌钢板组成，不锈钢皮用螺钉固定在镀锌钢板上，该垫板允许有微小的转角。

柱脚铰接呈倒锥形，保留柱中竖向钢筋，接头摩擦面为 300mm×300mm。柱脚用二块钢板连接，倒锥形高度为 900mm。

张拉结束后,焊接两摩擦钢板并浇筑接头混凝土。

5) 在预应力框架梁与顶层边柱节点处,为了减少柱顶弯矩,有时也可采用铰接节点。图 6-21 与图 6-22 示出两种屋面梁与边柱铰接节点作法。

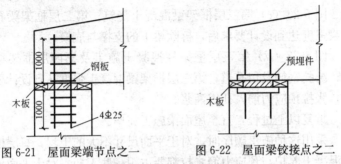

图 6-21 屋面梁端节点之一　　　图 6-22 屋面梁铰接点之二

6.4 现浇预应力混凝土结构施工

6.4.1 施工顺序

在编制多层现浇预应力混凝土框架结构施工方案时,首先应安排好框架梁混凝土施工和预应力张拉两道工序之间的顺序关系。

根据大量工程实践归纳为三种施工顺序:"逐层浇筑,逐层张拉"、"数层浇筑,顺向张拉"和"数层浇筑、逆向张拉"等,分述如下。

1. 逐层浇筑、逐层张拉

该方案的施工顺序为浇筑一层框架梁的混凝土,张拉一层框架梁的预应力筋,也就是上层框架梁混凝土浇筑应在下层框架梁预应力筋张拉后进行,其具体的施工顺序见图 6-23。

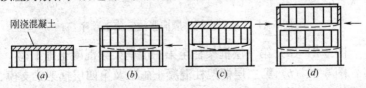

图 6-23 "逐层浇筑、逐层张拉"施工顺序

图 6-23（a）第一层框架柱及第二层框架梁混凝土施工；

图 6-23（b）第二层框架柱混凝土施工及第三层框架梁支模、绑扎钢筋与留孔道；第二层框架梁混凝土强度达到设计要求后，张拉预应力筋，孔道灌浆；

图 6-23（c）第三层框架梁混凝土浇筑；第二层框架梁孔道灌浆强度达到设计要求后，拆除梁下的支撑与底模；

图 6-23（d）第三层框架柱混凝土施工及第四层框架梁支模、绑扎钢筋及留孔道；第三层框架梁混凝土强度达到设计要求后，张拉预应力筋，孔道灌浆。

重复以上过程，直至屋面梁施工完毕。

采用这种施工顺序时，对于平面尺寸不大的工程，每层框架梁混凝土养护与预应力筋张拉都要占用一些工期。对于平面尺寸较大的工程，则可划分施工段组织流水施工，使预应力筋张拉少占或不占工期。

在这种方案施工中，梁下的支撑只承受一层施工荷载，预应力筋张拉后即可拆除，因此占用模板、支撑的时间和数量较少，采用较广。

2. 数层浇筑、顺向张拉

该方案的施工顺序为浇筑两至三层框架梁的混凝土后，自下而上（顺向）逐层张拉框架梁的预应力筋，其具体的施工顺序见图6-24。

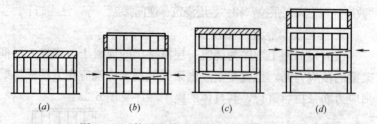

图 6-24 "数层浇筑、顺向张拉"施工顺序

图 6-24（a）第一层框架柱至第三层框架梁混凝土施工；

图 6-24（b）第三层框架柱混凝土施工及第四层框架梁支模、绑扎钢筋与留孔道；第二层框架梁混凝土强度达到设计要求，张

拉预应力筋，孔道灌浆；

图 6-24（c）第四层框架梁混凝土浇筑；第二层框架梁孔道灌浆强度达到设计要求后，拆除梁下的支撑与底模；

图 6-24（d）第四层框架柱混凝土施工及第五层框架梁支模、绑扎钢筋与留孔道；第三层框架梁预应力筋张拉。

采用这种施工顺序时，框架结构混凝土施工可按钢筋混凝土结构逐层连续施工；预应力筋张拉，可落后 1～2 层穿插进行，不占工期。但这种施工顺序，底层框架梁支撑需承受上面两层施工荷载，因此，占用支撑和模板较多。

在这种方案施工中，由于下层框架梁预应力筋张拉后所产生的反拱，会通过支撑对上层框架梁产生影响，因此要求此时上层框架梁混凝土的强度应达到 C15。

3. 数层浇筑、逆向张拉

该方案的施工顺序为浇筑两至三层框架梁的混凝土后，自上而下（逆向）逐层张拉框架梁的预应力筋，其具体的施工顺序见图 6-25。

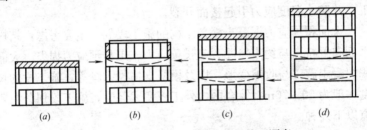

图 6-25 "数层浇筑，逆向张拉"施工顺序

图 6-25（a）第一层框架柱至第三层框架梁混凝土施工；

图 6-25（b）第三层框架柱混凝土施工及第四层框架梁支模、绑扎钢筋与留孔道；待第三层框架梁混凝土强度达到设计要求后，张拉该层预应力筋、孔道灌浆；

图 6-25（c）第四层框架梁混凝土浇筑；第三层孔道灌浆强度达到设计强度后拆除梁下的支撑与底模；与此同时，继续进行第二层框架梁预应力筋张拉，孔道灌浆；

图 6-25（d）第四层框架柱及第五层框架梁混凝土施工。

重复以上顺序，待混凝土浇筑两至三层后，预应力筋张拉又从上而下进行张拉。

采用这种施工顺序时，对平面尺寸不大的二、三层预应力框架，可按普通框架一次施工到顶或层数较多的框架分阶段施工，然后再逐层向下张拉预应力筋。这样，可减少预应力张拉队进场次数与时间，但占用模板与支撑较多。

以上是多层现浇预应力混凝土框架结构施工时可采用的三种基本施工顺序。一个工程可根据具体情况选择一种施工顺序进行施工，也可采用两种施工顺序组合进行。工程实践表明，合理地安排好框架梁混凝土浇筑与预应力筋张拉的施工顺序，将对整个工程的工期、工程质量及经济效益等产生较大的影响。

6.4.2 施工段划分

在大型公共建筑和多层工业厂房中，预应力混凝土楼盖结构的平面尺寸有时会很大，且不设伸缩缝。因此，需要采取分段施工，并防止温度应力引起楼面开裂。

大面积预应力混凝土楼盖结构的施工段划分主要考虑：结构平面布置特点与约束情况、超长预应力施工与预应力损失、大面积混凝土施工与收缩变形，以及模板支撑投入量等。施工段的长度一般为 50~70m。综合国内外工程实践经验，施工段划分主要有以下几种。

1. 两段施工

1）第 1 施工段长度宜为 $2/3L$（L——建筑物总长度），第 2 施工段长度为 $1/3L$，见图 6-26（a）。第 1 段预应力筋两端张拉，第 2 段预应力筋一端张拉，使预应力筋建立的应力基本相等。

第 1 施工段与第 2 施工段之间，可设置施工缝或后浇带。设置施工缝时，第 2 段混凝土浇筑应在第 1 段预应力筋张拉后进行，第 2 段预应力筋宜用连接器与第 1 段预应力筋连接。设置后浇带时，第 2 段混凝土浇筑时间不受限制，第 2 段预应力筋固定

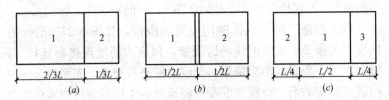

图 6-26 大面积预应力楼盖结构的施工段划分
(a) 两段施工之一；(b) 两段施工之二；(c) 三段施工

端应在第 1 段混凝土浇筑前埋入。

2) 两个施工段长度基本相等，见图 6-26 (b)。

两个施工段之间以伸缩缝为界。如伸缩缝两侧柱紧靠，预应力筋在伸缩缝处只能设置固定端。

两个施工段之间如不设缝，可在中间留一条后浇带。待两段预应力筋张拉后，再浇筑后浇带的混凝土。如后浇带所在的跨度小，后浇带处可加强配置非预应力筋，而不必再设置预应力筋。如后浇带所在的跨度大，则该跨还需设置预应力筋来建立预压应力。

2. 三段施工

1) 三段长度基本相等，其分段施工法与两段施工之 2) 相同。

2) 第 1 施工段（即中间施工段）的长度宜为 $L/2$，第 2 与第 3 施工段的长度各为 $L/4$，见图 6-26 (c)。其分段施工法与两段施工之 1) 相同。

这种分段方法的第 1 段工作量等于第 2 段与第 3 段工作量之和，第 2 段与第 3 段可同时施工；此时所用模板与人工都比较均衡，从下层楼面依次转移至上层楼面连续施工。

大面积预应力混凝土楼面结构后浇带的浇筑时间，由于施加预应力，可缩短至 15d。如将相邻段预应力筋搭接处的短波纹管预先埋在前段混凝土内，则在后浇带处可不另设短预应力筋。

3. 工程实例

1) 南京国际展览中心大型展厅一层柱网尺寸为 27m×27m。采用有粘结预应力混凝土现浇框架结构体系，纵向次梁为钢桁架。楼面为现浇楼板，双向配置抗温度的预应力筋。屋顶结构为大跨度弧形钢拱架。二层楼面不设缝面积为 266m（x向）×113m（y向）。

该工程施工阶段纵横向均设置后浇带，见图 6-27。沿 x 方向设置两条 2m 宽的折线形后浇带，预应力筋用连接器连接；y 方向设置一条直线形后浇带。预应力筋通长布置，先张拉 x 向中间区段预应力筋；待楼面混凝土浇筑至少 4 周后方可浇筑后浇带混凝土，后浇带混凝土强度达 75% 后再张拉两侧的预应力筋。y 方向预应力筋在后浇带混凝土达到预定强度后进行张拉。

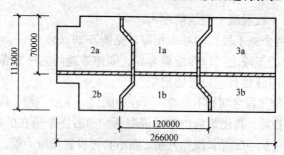

图 6-27 南京国际展览中心展厅分段施工

二层楼面设置后浇带后，其中最大一块达 70m×120m，施加预应力前，仍有可能产生温度裂缝。在每块板钢筋绑扎时预埋钢筋计及温度探头，浇筑混凝土后用电子测温仪监控混凝土内部变化，通过钢筋测力计随时根据钢筋受力情况换算出混凝土的应力。发现混凝土达到一定拉应力时，及时张拉楼板中的部分预应力筋。

2) 珠海市拱北口岸广场是一座大型地下建筑。该工程平面尺寸为 248m×190m，柱网尺寸为 12m×12m 与 12m×16m，地下 2 层，局部 3 层，不设伸缩缝。地面层采用无粘结预应力混凝土无梁平板。

图 6-28 示出该工程地面层分块施工情况。

(1) 沿地面层纵横方向各设二条后浇带，将整个地面层划分为 9 大块。沿南北边墙处也设置后浇带，以避免墙体约束对预应力建立的影响。

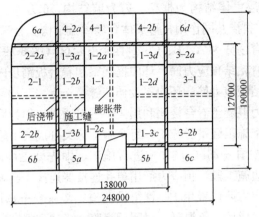

图 6-28 珠海市拱北口岸广场地面层分块施工

(2) 中央1号块的尺寸最大,为139m×131m。该块纵横方向各留设两条施工缝,再划分为9小块。核心块1—1号的尺寸为67m×63.5m,满足预应力筋两端张拉的长度。

(3) 混凝土浇筑块的长度达60m时,在混凝土浇筑过程中增设一条膨胀带,以减少混凝土收缩变形。

(4) 从核心块1—1号开始浇筑与张拉后,再浇筑1—2a与1—2c块,然后逐步向四周扩展。每次张拉仅受到一侧2~3根柱的约束,以减小混凝土平板预压应力损失。

(5) 施工缝之间预应力筋采用单根钢绞线连接器接长。后浇带之间预应力筋采取搭接连接。在搭接处,先张拉的预应力筋在后浇带端面锚固,后张拉的预应力筋预先伸过后浇带固定在先张拉的板块内。

3) 南京奥林匹克中心主体育场基本呈圆形,半径约为

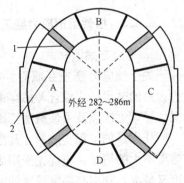

图 6-29 南京奥体中心体育场
1—后浇跨;2—施工缝;
A、B、C、D—施工段

142m，七层主体结构为框架—剪力墙结构，6万座。顶部双曲网壳和45°斜拱共同作用，形成体育场屋盖结构。

主体育场分为A、B、C、D四个看台区（图6-29），径向框架梁采用有粘结预应力筋。环向框架梁和看台板踏步内和环向肋梁配无粘结预应力筋，环向不设伸缩缝。

预应力混凝土看台楼面利用4个进出通道口作为后浇跨，由此形成4个施工区平行施工，每个施工区又分成三个施工段。每个施工段按图6-26（c）方式进行施工，即先施工中间施工段，后施工两边施工段，预应力筋用单孔连接器连接。当施工后浇跨时，按预应力筋位置用PC管留设孔道，待看台全部施工完毕，沉降基本完成后浇筑混凝土封闭后浇跨，待达到强度后一端张拉预应力筋（图6-30）。

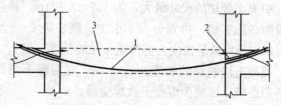

图6-30 后浇跨预应力筋布置
1—后穿预应力筋；2—预留PC管；3—后浇混凝土

6.4.3 框架梁预应力施工

1. 穿束方案

关于预应力筋先穿或后穿问题，已在5.1.3节作过初步分析。总的来说，应综合考虑穿束的难易程度、工期要求、供货情况、穿束方法以及习惯做法等因素确定。

从大量的工程实践看：凡预应力筋曲线形状比较简单，穿束难度不大的情况，应优先采用后穿法；对多波曲线预应力筋而长度又较大，穿束有一定难度的情况，要看穿束方法能否解决、工程进度安排、穿束实际经验等确定先穿束或后穿束；凡预应力筋曲线形状复杂，穿束极其困难的情况，可采用先铺预应力筋再套上螺旋管。

当预应力筋固定端为埋入式时,必须采用先穿法

2. 张拉顺序

1) 现浇预应力混凝土楼面结构,宜先张拉楼板、次梁,后张拉主梁。

2) 单向预应力混凝土框架梁的张拉顺序宜左右对称进行,相邻框架梁的张拉力差值不宜大于总拉力的50%,并尽量使张拉设备移动路线较短。

3) 现浇预应力单向框架梁,当断面尺寸较大、楼面整体性好时,其张拉顺序可按轴线顺序依次张拉。

4) 双向预应力混凝土梁的张拉顺序宜双向对称进行,其余同上。

3. 张拉技术

预应力混凝土框架梁,预应力筋应采用相应吨位的千斤顶整束张拉。预应力筋采用两端张拉时,宜两端同时张拉,也可一端先张拉另端补拉。

曲线预应力筋除采用两端张拉外,介绍以下两种张拉技术的运用情况。

1) 单跨曲线预应力筋一端张拉

曲线预应力筋一端张拉已在4.4.2节作了理论分析,从中可知,预应力筋采用一端或两端张拉,对跨中应力无影响,对边支座有影响。结合12~24m单跨框架梁的抗裂分析,对配置2束或4束预应力筋(张拉端交错布置在两端)的梁,两者的抗裂影响甚微。对配置一束预应力筋的梁,支座处抗裂度下降仅1%~3%,一般仍能满足设计要求,必要时可采取超张拉措施,以提高固定端应力。

2) 多跨曲线预应力筋超张拉回松技术

超张拉回松技术是在多波曲线预应力筋中为了补偿内支座处的摩擦损失而采用的一种新技术。通过超张拉,可提高内支座处的应力,随后再回松(即增大锚具内缩值),张拉端应力有所下降,使预应力筋沿梁的长度方向建立的应力比较均匀(图6-31)。

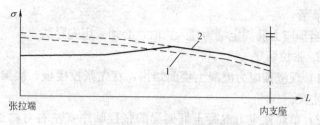

图6-31 在双跨框架梁中采用超张拉回松技术建立的应力
1—原有张拉时应力线；2—超张拉回松时应力线

6.4.4 框架柱预应力施工

框架柱预应力筋，宜采用一端张拉方式，其张拉端一般设置在柱的顶部，也有设置在柱的下部。由于张拉端设置不同，引起施工方法也不同，分述于下。

1. 张拉端位于柱顶部的施工过程

1）下层框架梁浇筑混凝土前，将预应力筋组装件的固定端按设计位置埋入下层梁柱节点内固定；预应力筋组装件上部可用支架进行临时固定（图6-32（a））。待混凝土浇筑至梁面时，将预应力筋组装件的波纹管轻轻压入新浇筑的混凝土内约100mm。

2）框架柱钢筋绑扎后，将预应力筋组装件按设计位置进行固定，并在距下层梁面约100mm处用塑料弧形压板留设灌浆孔，并用塑料管引出柱外，再浇筑混凝土至上层梁底的施工缝处（图6-32（b））。

3）顶层框架梁柱节点钢筋绑扎的同时，将预应力筋张拉端锚垫板等就位固定。然后，浇筑顶层框架梁混凝土。

2. 张拉端位于柱下部的施工过程

1）下层框架柱钢筋绑扎后，将预应力筋张拉端锚垫板等按设计位置就位固定，并将金属波纹管伸至下层框架梁面以上，灌浆孔位于锚垫板上。

待下层框架柱浇筑混凝土后，绑扎下层框架梁钢筋的同时，将金属波纹管按设计位置固定，接着浇筑下层框架梁混凝土（图6-33（a））。

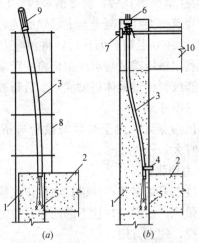

图 6-32 张拉端位于柱顶部的施工过程
(a) 固定端的设置；(b) 张拉端设置
1—柱；2—楼面梁；3—预应力筋与波纹管组装件；4—灌浆管；
5—压花锚具；6、7—张拉端锚垫板；
8—钢管支架；9—保护罩；10—屋面梁

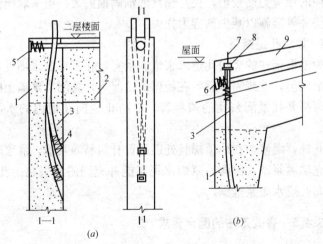

图 6-33 张拉端位于柱下部的施工过程
(a) 张拉端的设置；(b) 固定端的设置
1—柱；2—楼面梁；3—金属波纹管；4—柱锚垫板等埋件；5、6—梁锚垫
板等埋件；7—泌水管；8—钢绞线挤压锚具；9—顶层折线梁

2) 上层框架柱钢筋绑扎后，将金属波纹管接长并按设计位置进行固定，再浇筑框架柱混凝土至上层梁底的施工缝处。

3) 顶层框架梁柱节点钢筋绑扎后，将预应力筋从柱顶穿入波纹管孔道，并利用挤压锚具与承压钢板将固定端埋设在梁顶部混凝土内。金属波纹管伸过梁体高度的一半后封裹，并将泌水管引至梁顶面以上（图6-33（b））。

预应力筋从顶面穿入，由于金属波纹管弯折多，穿筋较困难，波纹管内径宜大一号。

3. 竖向预应力筋张拉

预应力钢绞线束采用多孔夹片锚具在柱顶张拉时，宜采用大吨位千斤顶整体张拉；如遇到在柱下部向上张拉时，也可采用小型千斤顶单根张拉，较为方便。

预应力框架张拉顺序：先张拉框架梁预应力筋，再张拉框架柱预应力筋；每根框架柱内的预应力筋应对称张拉，两束预应力筋的张拉力相差不应大于50%。

柱的预应力筋较短，夹片锚具的锚固损失大，应采取超张拉或塞垫片等措施以减少预应力损失。

4. 竖向孔道灌浆

为使框架柱的竖向孔道灌浆饱满密实，在底部灌浆嘴处，应装一个阀门。灌浆完毕后，在稳压的情况下，关闭灌浆嘴上的阀门，弯折并扎紧灌浆孔的塑料管，以防止竖向孔道内的水泥浆倒流。

此外，灌浆前在柱顶锚具处还设置有简易灌浆罩，灌浆时水泥浆充填灌浆罩，停灌后罩内水泥浆能补充因泌水引起的孔隙，使竖向孔道水泥浆饱满。

6.4.5 有关工序的配合要求

1. 模板安装与拆除

1) 对预应力结构的支模体系，应制订合理的搭设和拆除方案；对主要受力部位应进行力学验算，保证支架的承载力、刚度和稳定性。

对底层框架梁的支撑，必须作好地基处理，防止不均匀沉陷。

2) 预应力框架梁底模的起拱值，考虑到梁张拉后产生的反拱可以抵消部分梁自重产生的挠度。因此，起拱高度宜为全跨长度的 0.5‰～1.0‰。

3) 现浇预应力混凝土梁的端模及梁高≥1.0m 的侧模，宜在预应力筋或金属波纹管及端埋件完成后安装。

4) 现浇预应力结构侧板宜在预应力筋张拉前拆除；底模支架的拆除，应按施工技术方案执行；当无具体要求时，应在预应力筋张拉后拆除。

2. 钢筋绑扎安装

1) 钢筋施工时，柱的竖向钢筋与梁的负弯矩钢筋应严格按预应力梁柱节点翻样图中的位置安装，避免钢筋与预应力筋孔道相碰。

2) 为了保证预应力筋的曲线形状，普通钢筋应避让预应力筋。但一般不得切割受力钢筋；如必须切割，应征得设计单位同意，方可进行。梁的拉筋应待金属波纹管安装后再绑扎。

3) 金属波纹管或无粘结预应力筋铺设后，其周围不应进行电焊作业；如有必要，则应有防护措施。

3. 混凝土浇筑

1) 预应力混凝土框架梁的混凝土浇筑区域应包括梁周边翼缘，宽度不小于 1.0m。

2) 预应力梁板混凝土浇筑时，应防止振动器触碰金属波纹管、无粘结预应力筋及端埋件等，避免引起金属波纹管变形与漏浆、无粘结预应力筋与埋件变位等事故。

3) 张拉端与固定端混凝土必须振捣密实，锚垫板的背面不得捣空。

4) 混凝土浇筑时，应多留 1～2 组试块，与梁板同条件养护，以确定预应力筋张拉时的混凝土强度。

6.5 预制预应力混凝土结构施工

6.5.1 预制板柱结构整体预应力施工

1. 结构特点

整体预应力预制板柱建筑，起源于南斯拉夫的"IMS"体系。该体系无梁无柱帽，以预制板和柱作为基本构件。板、柱的接触面为平面，在接触面之间的立缝中浇筑砂浆或细石混凝土，形成平接接头。预应力筋设置在柱孔和相邻构件之间的明槽内，然后对整个楼（屋）面层施加双向预应力。楼板依靠预应力产生的静摩擦力支承在柱上，板柱之间形成预应力摩擦节点。这种明槽式预应力和板柱间预应力摩擦节点是该结构体系的两大特征，见图 6-34。

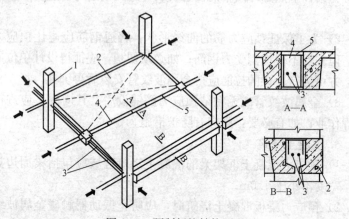

图 6-34 预制板柱结构原理图
1—柱；2—板、边梁；3—预应力束；4—梁明槽；5—伸出筋、接缝砂浆

在较大柱网中，由于起吊重量和运输的限制，每个柱网单元的楼板要分为若干块小板，北京中建科学技术研究院所创造的垫块式拼板方法，为我国特有的拼板技术。应用此种拼板技术，已成功地完成了多幢柱网在 12m 以上的工程，最大柱网为 15m。

到目前为止，该体系已在我国建成的工程有 50 余幢，总建筑面积约 30 万 m²。由于其独特的受力性能和工业化施工程度高，一直受到各方面人士的关注和重视，由北京中建建筑科学技术研究院和四川省建筑科学研究院共同主编的《整体预应力装配式板柱建筑技术规程》CECS 52：93 已于 1994 年出版发行。

2. 预应力施工

1）先拉后折工艺计算

多跨连续折线配筋预应力施工，采用该体系特有的"先拉后折"工艺。张拉时预应力筋呈直线状态，预应力筋几乎没有摩阻损失，通过合理压折顺序，预应力筋在各跨的应力状态比较接近，并可通过人为地调整压折高度和顺序，使各跨获得较大的上抗力，平衡全部或部分自重产生的内力。这在连续跨的预应力施工中，是该施工工艺的特色之处，即由预应力的折线状态平衡外荷载，且没有预应力损失，并使各跨的应力值较为均匀。

在多跨连续折线配筋的板柱结构中，采用"先拉后折"工艺时，预应力筋的预应力值是通过直线张拉和压折二次建立的。其直线张拉应力（σ_0）可按下列公式计算：

$$\sigma_0 = \sigma_{con} - \Delta\sigma_{折}$$

式中　$\Delta\sigma_{折}$——压折完成后，预应力筋全线平均应力增长值。

$$\Delta\sigma_{折} = \frac{2n\delta}{\Delta L_p} \cdot \sigma_{con}$$

式中　n——跨数，

δ——压折点一侧预应力筋的伸长值，由图 5-35 可得：

$$\delta = \sqrt{l_1^2 + h^2} - l_1$$

ΔL_p——张拉力达到 σ_{con} 时预应力筋总伸长值。

$$\Delta L_P = \frac{\sigma_{con} L_p}{E_S}$$

式中　L_p——预应力筋总长度。

一般情况下，直线张拉应力（σ_0）为 $0.8 \sim 0.9\sigma_{con}$。

"先拉后折"工艺的直线张拉力为：

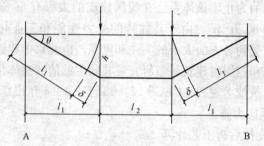

图 6-35 压折简图

$$P_0 = A \times \sigma_0$$

压折力可按下式估算:

$$F = A \times \sigma_{con} \times \frac{h}{l_1} \times \alpha$$

式中　h——压折高度;

　　　α——折点影响系数,当一跨中有两个压折点时,$\alpha=1$,当一跨中仅在跨中压折时,$\alpha=2$。

2）张拉顺序

板柱结构一般纵向较长,柱多,横向较短,柱少,纵轴线柱的总刚度比横轴线大得多,再加上纵向附件（外墙板、楼梯等）的重量及由此而产生的摩擦力等因素,都要影响楼板在纵向建立有效预应力,也就是说,纵轴线中间跨处楼板的纵向预应力建立要比横向困难得多。因此,整体预应力张拉顺序应"先纵后横、先边后中、对称交叉"张拉,即先张拉纵横边轴线上的一半预应力筋,将整个楼层箍好后,再张拉纵横轴线（及拼缝）上的预应力筋,最后张拉纵横边轴线上的另一半预应力筋。当轴线长度大于50m时,为使全长预应力均匀建立,宜采用两端张拉。

3）压折工艺

采用"先拉后折"工艺时,预应力筋压折是在楼层预应力筋直线张拉完成后即可进行。压折设备可用液压压折器。液压压折器主要由缸体、活塞杆、压块、拉杆和条形垫块等组成（图 6-36）。液压压折器与高压油泵配套使用,其工作原理是:当 A 油嘴进油 B 油嘴回油时，压块压在钢丝束上，条形垫块勾住楼板底部，压力油推动缸体并带动压块向下运动，迫使预应力筋折下，当 A 油嘴回油，B 油嘴进油时，液压油推动缸体带动压块向上运动复位。压折时，压折器的位置必须垂直，压折到位后，在板肋预留孔中插入销杆将预应力筋固定，也可用"土"字形钢拉杆，上端拉着预应力筋，下端钩挂在楼板底部加以固定（图 6-37）。

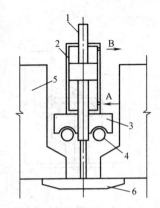

图 6-36　液压压折器
1—活塞杆；2—缸体；
3—压块；4—预应力筋；
5—楼板；6—条形垫块；
A—进油孔；B—回油孔

"先拉后折"工艺，先在直线状态下张拉，沿全长建立的预应力是比较均匀的，之后通过每压折一次，就会在预应力筋全长的一定范围内引起应力增加并重新分布一次，最后形成的应力分布情况取决于压折顺序。比较好的压折顺序，应使沿轴线全长建立的有效预应力比较均匀。

压折顺序对应力分布的影响有以下几点特性：

（1）压折跨在压折时应力增长的幅度与压折顺序有关，后压折跨应力增长高，先压折跨应力增长低。这是因为开始压折时，压折应力可以影响全长，随着压折点越来越多，压折应力的传递区间就越来越小。因此，后压折跨应力增长大。

（2）先压折跨与后压折跨在相邻位置时，由于能够起到应力高低互补的作用，其应力的分布较为均匀。

（3）固定折点时，由于预应力回弹作用的影响，折点固定后，压折跨的应力低于其邻跨的应力。

以某工程纵向五跨为例，采用的压折顺序不同时，其应力分布有显著差异。如采用"１２３４５"压折顺序时，即由一端依次进行压折，其应力分布大致为一斜线，均匀性最差；图 6-38 所示为采用"3-1-5-2-4"压折顺序时的应力分布图，即先压折中间

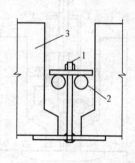
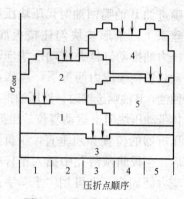

图 6-37 "土"字形钢拉杆
1—拉杆；2—预应力筋；3—楼板

图 6-38 "3-1-5-2-4"压折顺序时应力分布图

跨，然后向两端间隔、对称压折。这种压折顺序各节间应力分布比较均匀。

因此，压折顺序应以间隔、对称为原则，使各跨建立的应力值较为接近。在有条件的情况下，宜计算压折时的应力传递状况和回弹时应力传递状况，选取均方差最小者为最优压折顺序。

在完成预应力筋张拉和压折以后，应及时进行楼板明槽混凝土浇筑和柱上预应力孔道灌浆作业。柱孔灌浆可用振捣灌浆法或压浆法，灌浆应饱满密实。

在明槽混凝土浇筑完毕且强度达到 C15 以后，可切割锚具外多余的预应力筋，锚头应及早用混凝土封固，保护层厚度不小于 50mm。

6.5.2 预制预应力装配整体式框架施工

预制预应力混凝土装配整体式框架是由预制或现浇钢筋混凝土柱，预制预应力混凝土梁、板，通过后浇节点将梁、板、柱及节点连成整体的框架结构体系，又称 SCOPE 世构体系，是从法国引进的一种新型体系。

预应力混凝土叠合梁、板采用高强度预应力钢绞线或消除应力钢丝，先张法生产工艺。梁、柱节点采用键槽式连接，预制梁端预留凹槽，吊装后预制梁的纵筋与埋入节点的 U 形钢筋在其中搭接，再浇筑高强度微膨胀混凝土使梁、柱节点形成整体。世构框架应按施工安装和使用两个阶段分别进行计算，取最不利状态设计。

我国自 2000 年以来，东南大学、江苏省建筑设计研究院有限公司和南京大地建设（集团）股份有限公司共同对法国世构体系的应用进行了系统的研究和开发，形成了适合我国国情的一套完整的技术体系，已编制了《预制预应力混凝土装配整体式框架（世构体系）技术规程（苏 JG/T 006—2005）和《预应力混凝土叠合板》（苏 G11—2003），南京大地普瑞预制房屋有限公司已在江苏和南京地区近 70 万 m^2 的建筑上进行应用。其主要特点为：

1）采用预应力技术，减小了构件截面，用钢量减少，工程造价低于现浇框架结构。

2）构件事先在工厂内生产，施工现场直接安装，工期缩短。

3）产品在工厂实行机械化生产，蒸汽养护，产品质量易得到保证。

4）基本不需要模板，叠合板下支撑间距可加大，大大节省周转材料。

1. 基本形式及适用范围

1）采用预制钢筋混凝土柱，预制预应力混凝土叠合梁、板，即全装配框架结构。适用于抗震设防烈度为 7 度以下地区，总高度不宜超过 18m，最多不能超过 24m；总层数不宜超过 5 层，最多不能超过 7 层。

2）采用现浇钢筋混凝土柱，预制预应力混凝土叠合梁、板，即半装配式框架结构。适用范围应满足表 6-2。

3）采用预制预应力混凝土叠合板，适用于框架、剪力墙等多种类型的结构，以及抗震设防烈度小于或等于 9 度地区的一般工业与民用建筑楼盖和层盖。

半装配式框架结构适用范围　　　　表6-2

适用范围	抗震设防烈度			
	6	7		8
适用高度(m)	≤40	≤24	>24,≤35	≤30
抗震等级	三	三	二	二

2. 基本构件

预制预应力混凝土装配整体式框架的基本构件主要有薄板（见5.2.6）、梁、柱三类。

1）预应力混凝土预制梁

预制梁的截面最小边长不应小于200mm，梁内配置 $\phi^s 12.7$ 预应力钢绞线采用先张法生产。预制梁上部根据叠合板厚度留出后浇部分即为叠合梁。预制梁端部设键槽，键槽中放置U形钢筋（图6-39），通过后浇混凝土实现下部纵向受力钢筋的搭接。

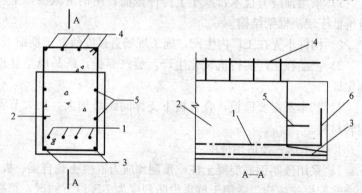

图6-39　预应力叠合梁及键槽
1—钢绞线；2—预制梁；3—下部钢筋；4—上部钢筋；
5—腰筋；6—在键槽弯起的钢绞线

预制梁施工阶段应考虑梁板的自重和施工安装的荷载，一般主梁及框架梁的施工安装荷载取$1.0 kN/m^2$，次梁取$1.5 kN/m^2$。预制梁根据有无中间支撑分别按简支梁或连续梁计算。

2）预制混凝土柱

预制柱采用钢筋混凝土矩形截面柱，边长不宜小于300mm，也不宜大于500mm。一次成形的预制柱的高度可以为一层至四层不等，总长度不宜高于14m。在楼面处留出预制梁板的空间并设置斜向钢筋与柱纵筋焊接（图6-40），以保证一次成型的多层预制柱在运输及施工阶段的承载力及刚度。斜向钢筋应在每一柱边交叉设置呈"x"状，斜向钢筋之间采用点焊，斜向钢筋与柱纵向钢筋的焊缝长度应大于60mm。

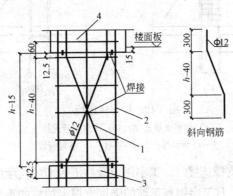

图6-40 预制柱层间节点
1—斜向钢筋；2—柱纵筋；3—下柱；4—上柱；h—梁高

3. 连接构造

1）柱与基础的连接

柱与基础的连接有密封钢管插筋和杯形基础连接等两种连接方法。杯形基础连接与单层工业厂房柱子施工方法相似。

采用密封钢管插筋连接（图6-41）时，柱与基础应符合以下要求：预埋波纹管长度应大于柱主筋搭接长度；管的

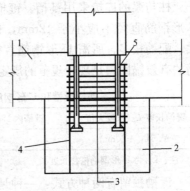

图6-41 密封钢管插筋基础
1—基础梁；2—基础；3—箍筋；
4—基础插筋；5—密封钢管

内径不小于柱主筋直径加 10mm。

2) 柱与柱的连接

柱与柱的连接有型钢支撑连接和密封钢管连接两种方法（图 6-42）。

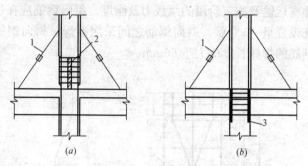

图 6-42 柱与柱连接
(a) 型钢支撑连接；(b) 密封钢管连接
1—可调斜撑；2—工字钢；3—密封钢管

采用型钢支撑连接时，工字钢上段柱下表面的长度应大于柱主筋的搭接长度，且工字钢有足够的强度支撑上段柱的重量。密封钢管连接同基础连接。

3) 柱与梁的连接

柱与梁的连接采用键槽。键槽的长度应符合表 6-3 的要求。U 形钢筋直径不应小于 12mm，也不宜超过 20mm。如果梁较大、配筋较多、所需 U 形钢筋直径较粗时，仍应保证键槽内钢筋的有效锚固满足现行规范的规定。

两端键槽和 U 形钢筋平直段的长度 表 6-3

键槽长度 L_3（取较大值）	键槽内 U 形钢筋平直段的长度 L_U（取较大值）
$0.5L_{Le}+50$mm	$0.5L_{Le}$

注：L_{Le} 为 U 形钢筋搭接长度。

键槽预留有两种方式：一种是生产时预留键槽壁，厚度一般为 40mm；另一种是生产时不预留键槽壁，现场施工时安装键槽部位钢筋和 U 形钢筋后和键槽混凝土同时浇筑。

(1) 顶层柱与梁的连接（图 6-43）

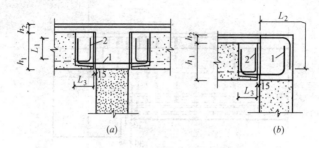

图 6-43 顶层柱与梁的连接
(a) 顶层中间柱节点；(b) 顶层边柱节点
1—U 形钢筋；2—预制梁伸出弯起的钢绞线；h_1—预制梁高；h_2—叠合层高；L_1—钢绞线弯锚长度（220mm）；L_2—预制梁上部钢筋锚固长度；L_3—键槽长度

(2) 中间层柱与梁的连接（图 6-44）

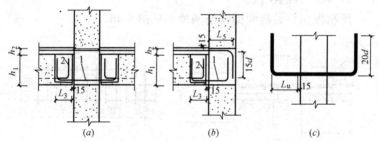

图 6-44 中间层柱与梁的连接
(a) 中间层中间柱节点；(b) 中间层边柱节点；(c) U 形钢筋
1—U 形钢筋；2—预制梁伸出弯起的钢绞线
L_5—不小于预制梁上部钢筋锚固长度的 0.45；d—钢筋直径；
L_3—链槽长度；L_u—键槽内 U 形钢筋平直段的长度（表 6-3）

4) 主梁与次梁的连接

次梁采用缺口梁的方式与主梁（框架梁）连接，主梁缺口的宽度应为次梁宽度加 50mm。次梁搁置部位和主梁开口范围内箍筋加密，加密区每边不小于 250mm。图 6-45 为次梁与边主梁的连接，当次梁与中间主梁（虚线部分）连接时方法相同，但叠合梁上部钢筋应拉通。

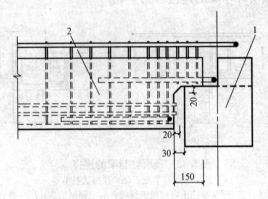

图 6-45 次梁与边梁的连接
1—边梁（虚线为中间梁）；2—次梁

5）板与板的连接

预制板相邻处板面铺钢筋网片，见图 6-46。

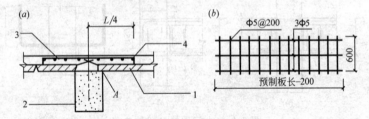

图 6-46 板面连接
（a）板在梁处连接；（b）板与板间的网片
1—预制薄板；2—梁；3—支座处负筋；4—构造钢筋；
A—板的搁置长度≥15mm

4. 结构安装要点

1）起吊预制柱，初步就位后将柱底部钢筋插入下柱或基础套管内约 20～30cm，尽快灌浆并进行校准。待上一层梁节点混凝土强度达到 $10N/mm^2$ 后方可拆除柱的可调支撑。

2）预制梁应对称吊装，吊装前应对节点处混凝土凿毛，竖向支撑安装后方可卸去吊钩。

3）主次梁安装就位后绑扎键槽节点钢筋，浇筑混凝土，使其尽快形成整体框架结构。节点处的混凝土宜采用高一等级微膨胀混凝土。

4）预制板的竖向支撑应能承受现浇层混凝土和施工荷载。一般情况，板端支撑离搁置点不大于 0.3m，搁置长度不小于 15mm，相邻处应铺设钢筋网片。跨中支撑：当板长≤5m 时，跨中设置一道；当板长≤7.2m 时，跨中设置二道。

5）竖向支撑的拆除应根据现行施工规范的规定。一般情况，当叠合层混凝土强度达到 50% 时，可拆除叠合板两端的竖向支撑；当上一层楼板叠合层混凝土浇筑完毕方可拆除下一层全部竖向支撑。

7 特种混凝土结构预应力施工

特种混凝土结构的范围很广,主要包括:贮池、贮罐、筒仓、安全壳、电视塔等。近10多年来,我国预应力技术突飞猛进,推动了特种结构向大型化发展。全国兴建了大量预应力混凝土筒仓和污水处理池,其中规模最大的有厦门腾龙煤仓(直径76m)、广州越堡水泥筒仓(直径60m)、山西阳泉污水处理池(直径56m)等。北京(高405m)、天津、南京、上海(高450m)等预应力混凝土电视塔。秦山、大亚湾、田湾等核电站预应力安全壳,上海等地预应力混凝土天然气储罐,济南、杭州、厦门、济宁、石家庄等地预应力混凝土蛋形消化池等。

特种混凝土结构预应力技术,可归纳为环向预应力和竖向预应力两类,以及环向与竖向兼有的双向预应力等,分述于下。

7.1 环向预应力施工

7.1.1 环向预应力筋布置与构造

1. 布置原则与方式

1) 每束钢绞线的包角为 120°~180°,锚固在筒壁相对的两根扶壁柱上,每圈分为 2~3 束;

2) 每相邻(上、下)钢绞线束锚固端错开 60°~90°,使任一扶壁柱同一截面上锚固筋的数量不大于钢绞线总数的 50%,且沿筒壁各截面上的有效预应力总值尽可能比较均匀。

3) 筒体各钢绞线束的组成与张拉力均相同,用不同的钢绞线束间距来调整筒体各部位不同的强度及变形,既简化施工工艺,又使筒体各部位的安全度基本一致。

4) 钢绞线束宜尽量布置在筒壁外侧,以利筒体受力;筒壁混凝土保护层的厚度,对预应力筋不应小于 40mm(从预应力筋孔道外侧算起)。

环向预应力筋的布置方式,根据其张拉端锚固在扶壁柱上的情况,可分为四扶壁柱式与六扶壁柱式,见图 7-1。前者扶壁柱错开 90°;后者扶壁柱错开 60°,沿筒壁圆周建立的预压应力比较均匀,但扶壁柱增多。

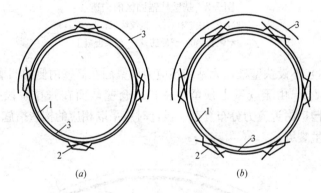

图 7-1 环向预应力筋布置方式
(a) 四扶壁柱式 (b) 六扶壁柱式
1—筒壁;2—扶壁柱;3—钢绞线束

2. 构造要求

1) 预应力筋的间距:应满足张拉端锚固区局部承压要求,一般不小于 200mm;且最大不应超过 3 倍仓壁厚度,也不得大于 1000mm。

2) 筒壁洞口处理:开洞处钢绞线束按喇叭状扩大,在紧靠洞口处上下绕过。为减少这部分钢绞线束的磨损,喇叭状长度应为洞口高度的 6 倍,并在该部位适当加配垂直构造钢筋,以使洞口部分的荷载有效地传给洞口上下的钢绞线。

3) 扶壁柱的构造除应满足预应力筋锚固区局部承压面积和

抗劈裂要求外，还应考虑下列因素：保持预应力筋末端在环形切线的延长线上；张拉面垂直于端部钢绞线束；张拉机具及施工操作的空间；灌浆施工及锚具封头等构造要求；见图7-2。

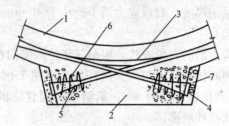

图7-2 扶壁柱锚固区的构造
1—筒壁；2—扶壁柱；3—钢绞线束；4—锚具；
5—喇叭管；6—螺旋筋；7—封头混凝土

4）不设扶壁柱，无粘结预应力筋锚固在筒壁内侧的凹槽内，见图7-3。由于仓壁上预留了槽口，仓壁截面在张拉阶段被削弱，槽口附近应力分布复杂。设计时应采取相应的构造措施，以免发生裂缝。

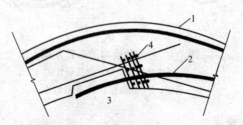

图7-3 筒壁内侧凹槽锚固区的构造
1—筒壁；2—无粘结钢绞线；3—锚
垫板；4—钢筋网片或螺旋筋

3. 工程实例

山东银河纸业集团污水处理池的内径50m，高4.8m。池体由预制壁板拼装而成，池壁外侧设置4根现浇扶壁柱（图7-1(a)）。每束预应力筋采用3Uϕ^s15.2无粘结钢绞线，布置在壁板外侧，穿过扶壁柱锚固。每圈2段，包角180°，相邻圈错开90°，间距为 600mm。为了使池壁获得足够的预压应力，应在施加预应力阶段将池壁与底板之间做成滑动连接。张拉完毕后，封填杯槽，并在壁板外侧喷涂 40m 厚的 1：2 水泥砂浆。

湖北华新水泥厂筒仓内径 40m，壁高 37.5m，沿环向设置 6 根扶壁柱，采用滑模工艺浇筑。预应力筋采用 12ϕ^s15.2 钢绞线束，每圈 3 段，包角 120°，相邻圈错开 60°，间距 250～500mm（图 7-1b）。

广州市越堡水泥筒仓的内径 60m，高 66.1m，沿环向设置 6 根扶壁柱（图 7-1b）。采用 3Uϕ^s15.2 无粘结钢绞线，每圈 3 段，包角 120°，相邻圈错开 60°。

厦门腾龙煤仓直径 76m，沿环向设置 12 根扶壁柱。预应力筋采用 Uϕ^s15.2 无粘结钢绞线，包角 60°，相邻圈错开 30°，间距：下部 1/2 的范围内间距 400mm，上部 1/2 的范围内间距 700mm。

7.1.2　环向有粘结预应力施工

1. 环向孔道留设

环向预应力筋孔道，宜采用预埋金属螺旋管成型。如遇到壁体开洞可绕过洞口形成下凹或上隆的空间曲线孔道，其曲率半径不宜小于 3m。环向孔道向上隆起的高位处和下凹孔道的低点处设排气口、排水口及灌浆口。为保证孔道位置正确，沿圆周方向每隔 2～3m 设置一榀定位支架。该支架可用 ϕ12mm 圆钢按预应力筋间距变化焊成梯格，长 3m。每根扶壁柱两侧均应设置一榀定位支架。

2. 环向预应力筋穿入

大吨位环向预应力筋，在筒壁混凝土浇筑后，采用人力单根穿入。穿筋时在孔道两端吊锚板，边穿筋边对孔。先穿锚板下排的孔洞，后穿上排孔；同排先穿内孔（靠筒壁边），后穿外孔，这样可避免钢绞线打叉现象。

3. 环向预应力筋张拉

采用四根扶壁柱时,对包角180°的预应力筋,需要配备4套张拉设备同时张拉,即每束预应力筋两端同时张拉,每圈2束也同时张拉。

采用六根扶壁柱时,对包角为120°的预应力筋,需要配备6套张拉设备同时张拉,即每3束预应力筋两端同时张拉,组成一圈预应力筋。

环向预应力筋由下向上进行张拉,但遇到洞口的预应力筋加密时,自洞口中心向上、下两侧交替进行。

4. 环向孔道灌浆

环向孔道,一般由一端进浆,另端排气排浆。如环向孔道有下凹段或上隆段,可在低处进浆,高处排气排浆。对较大的上隆段顶部,还可采用重力补浆,以保证灌浆密实。

7.1.3 环向无粘结预应力施工

1. 无粘结预应力筋铺设

环向无粘结预应力筋铺设时,应保证其圆弧度和水平度,其定位支架的间距宜为1.2~1.8m。成束铺设的每根无粘结预应力筋应相互平行,不发生扭绞。每根预应力筋两端应编号,作为确定对号张拉的依据。

环向无粘结预应力筋的张拉端,宜分散为单根布置,单根张拉。如张拉端空间狭小,也可采用群锚体系,但应满足锚固区局部受压承载力的要求。

2. 无粘结预应力筋张拉

对有扶壁柱的情况,单根无粘结预应力筋采用前卡式千斤顶张拉。同时无粘结筋应先张拉筒壁内侧筋,后张拉外侧筋。环向无粘结预应力筋应两端同时张拉,同环数段无粘结筋也应同时张拉。

对无扶壁柱的情况,在筒壁预留槽口处张拉预应力筋时,需要采用变角张拉工艺。变角张拉装置由变角块、千斤顶等组成,见图5-20。其关键部位是变角块。每一变角块的变角量宜为5°,

通过叠加不同数量的变角块，可以满足 5°～60°的变角要求。安装变角块时要注意块与块之间的槽口搭接，一定要满足变角轴线向结构外侧弯曲。

3. 无粘结预应力筋封头

对有扶壁柱的情况，锚具外细石混凝土强度不低于 C35，厚度不小于 60mm，形成与结构混凝土结合密实的防腐保护层。

对无扶壁柱的情况，锚具应作防腐蚀处理，并用微膨混凝土填补槽口，可使整个结构的内外表面保持光滑的圆筒形。

7.1.4 环锚张拉法

环锚张拉法是利用环形锚具（又称游动锚具）将环向预应力筋连接起来，用前卡式千斤顶变角张拉的方法。环形锚具形状和尺寸见图 2-12。

1. 预制装配池壁环锚施工

遵义污水处理厂沉淀池的外径为 28.5m，壁厚为 200mm，池壁高度 4.5m。该工程池壁采用预制装配壁板拼成（不设扶壁柱）。池壁外表面采用 9 束无粘结预应力筋环锚体系，每束由 2×2Uϕ^s15.2 无粘结钢绞线和两套 HM15-2T 环锚组成，钢绞线包角 180°。在壁板外表面每套锚具的安装位置预留长 550mm、宽 220mm、深 30mm 的锚具槽；环形锚具一半落在槽内，一半突出池壁外沿。

1) 无粘结筋安装 利用水准仪定出无粘结筋标高，沿水平每隔 2.5m 打孔，塞木头，钉铁钉；用铁丝将无粘结筋绑孔在铁钉上，随即安装环形锚具。

2) 无粘结筋预紧 利用前卡式千斤顶预紧，加载至 2.5MPa 后检查无粘结筋位置。如其偏差超过±10mm，则用木锤轻轻纠正。然后，加载至 4MPa（约 20kN 力），卸压后即成预紧状态。拔掉临时固定无粘结筋用的铁钉。

3) 无粘结筋张拉 每束无粘结筋采用 4 台前卡式千斤顶同步张拉，隔圈进行。

相邻束张拉力差值不大于设计值的 50%。各束无粘结筋的张拉顺序如下:

第一步:第①→⑤→⑨→⑦→③圈束加载 $0.2\sigma_{con}$→$0.5\sigma_{con}$

第二步:第②→④→⑥→⑧圈束加载 $0.2\sigma_{con}$→$0.5\sigma_{con}$→$0.8\sigma_{con}$→$1.05\sigma_{con}$

第三步:第⑨→⑦→⑤→③→①圈束加载 $0.5\sigma_{con}$→$0.8\sigma_{con}$→$1.05\sigma_{con}$

2. 双圈环绕隧洞衬砌环锚施工

黄河小浪底水利枢纽工程有 3 条排砂洞,每条长度约 1100m,内径为 6.5m,混凝土衬砌厚度为 0.65m,采用双圈环锚无粘结预应力技术(图 7-4)。每束预应力筋由 $8U\phi^s15.2$ 无粘结钢绞线分内外两圈布置,双圈钢绞线间距为 130mm,钢绞线包角 $2\times360°$。沿隧洞轴线每 m 布置 2 束预应力筋。环锚凹槽交错布置在洞内下半圆中心线两侧各 45°的位置。预留内槽口长度 1.54m、深度 0.25m、宽度 0.30m。

施工时,采用装配式钢板锚具盒外贴塑料泡沫板的方法形成

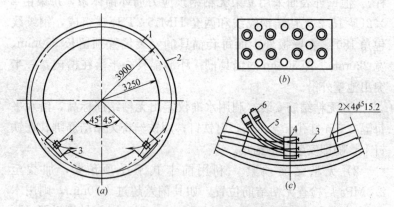

图 7-4 小浪底工程排砂洞双圈无粘结预应力施工
(a) 预应力筋布置;(b) 环锚;(c) 环锚张拉
1—无粘结预应力筋;2—排砂洞混凝土衬砌;3—凹槽;4—环形锚具;
5—板凳式偏转器;6—HOZ950 千斤顶

锚具槽。预应力筋张拉控制应力为 1395N/mm^2，每束张拉力为 1674kN。采用 2 台相同规格且油路并联的（DSI）体系 HOZ950 千斤顶，通过 2 套板凳式偏转器直接支撑于锚具上进行变角张拉（图 7-4）。由千斤顶和偏转器造成的顶应力损失实测值为 8.1%。为避免相邻的两束预应力筋的张拉荷载相差过大，张拉顺序为：单号束张拉 0～50%力→双号束张拉 0～100%力→单号束张拉 50～100%力。

张拉锚固后，因锚具安装和张拉操作需要而割除防护套管的外露部分钢绞线，重新穿套高密度聚乙烯防护套管并注入防腐油脂进行防腐处理，最后用无收缩混凝土回填锚具槽。

7.2 竖向预应力施工

在电视塔、灯塔及其他高耸结构中，竖向预应力筋的长度一般为 60～200m，最长达 300m。对于这类竖向超长预应力筋，宜采用大吨位钢绞线束夹片锚固体系，有粘结后张法施工。

7.2.1 竖向预应力筋布置

中央电视塔是一座圆筒形高耸结构，塔高 405m。塔身的竖向预应力筋布置见图 7-5；第一组从 -14.3m 至 +112.0m，共 20 束；第二组从 -14.3m 至 +257.5m，共 64 束。桅杆也配置竖向预应力筋。竖向预应力筋均采用 7ϕ^s15.2 钢绞线束，用 B&S 体系 Z15-7 型锚具锚固。

南京电视塔是一座肢腿式高耸结构，塔高 302m。塔身为三个独立的空腹肢腿，由 7 道箱形连梁连接。在肢腿外侧布置竖向预应力筋，见图 7-6。第一组从 -7m 至 +60m，每肢 6 束；第二组从 -7m 至 121.2m，每肢 12 束；第三组从 -7m 至 193.5m，每肢 12 束。每道连梁的预应力筋将三个肢腿箍在一起。每束预应力筋均采用 7ϕ^s15.2 钢绞线束，用 QM15-7 型锚具锚固。

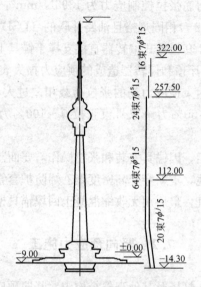

图 7-5 中央电视塔竖向预应力筋布置

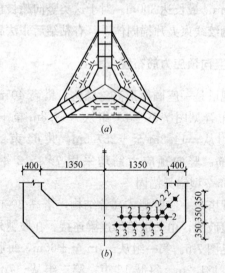

图 7-6 南京电视塔竖向预应力筋布置
(a) 横截面；(b) 肢腿竖向预应力筋
图中 1、2、3 分别为第一、二、三组预应力筋上海电视塔是一座柱肢式带三个球形仓的高耸结构，塔高450m。塔身为三根直立的空心圆柱。用弧形钢箱梁连接。下球位于塔身斜撑的顶部，上球位于塔身立柱的顶部，小球位于混凝土桅杆的顶部。塔身立柱的竖向预应力筋布置：第一组从－9.9m（－4.4）m至＋198m，102束；第二组从－9.9m（－4.4)m至＋283.0m，102束。桅杆单筒体从261.7m至350m也配置竖向预应力筋。预应力筋均采用$7\phi^s15.2$钢绞线束，用OVM15-7型锚具锚固，其端部构造见图7-7。

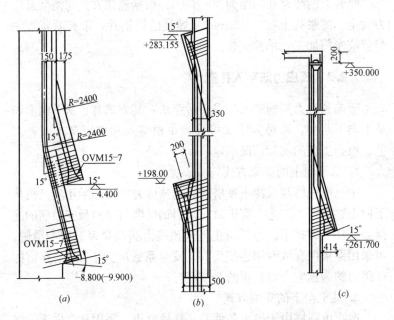

图 7-7 上海电视塔竖向预应力筋锚固端构造
(a) 直筒体下锚固端；(b) 直筒体上锚固端；(c) 单筒体锚固端

7.2.2 竖向孔道留设

对上述的超高竖向孔道，都采用镀锌钢管，以确保留孔的可靠性。对$7\phi^s15.2$钢绞线束，镀锌钢管的内径选用68mm。

镀锌钢管的分段长度为3~6m，应根据塔身模板体系的工艺确定。上下节钢管的连接方式，采用螺纹套管连接加电焊。每根孔道钢管的上口均加盖，以防异物掉入堵塞孔道。

竖孔钢管的安装：先在地面上将钢管的一端拧上套管，周围用电焊焊实，然后吊至筒体上；接管时，先将前节顶端的盖帽拧下，再将要接上的钢管旋上拧紧，周围加电焊。竖管的定位支架每隔2.5m设一道，必须固定牢靠，以免在施工中发生位移或变形。竖管每段的垂直度应控制在5‰以内。

竖管上的灌浆孔间距为20~60m，根据灌浆方式与灌浆泵压力确定。灌浆孔上装有ϕ24mm带螺纹的短钢管，带有灌浆管的竖管应专门加工，单独安装。

7.2.3 预应力筋穿入孔道

竖向预应力筋的穿入宜采用后穿法，其方式有：从下向上和从上向下两种。每种方式又可分为单根穿入和整束穿入两种工艺。根据工程的实际情况选定。

1. 从下向上的穿束方式

中央电视塔与天津电视塔的竖向预应力筋，都采用卷扬机从下向上整束穿入工艺。穿束时，牵引钢丝绳与竖向预应力筋的连接是一项关键技术。为了防止竖向预应力筋在穿束过程中滑脱，可采用穿束网套或专用连接头，其安全系数应大于2.5。穿束的摩阻力约为预应力筋自重的2~3倍。

2. 从上向下的穿束方式

南京电视塔由于施工条件差、场地窄小，采用从上向下的穿束方法。第一组整束穿；第二、第三组由于上端操作场地更小，整束自重更大，改为单根穿。钢绞线端头套上弹头似的护套，然后穿入。在孔道的入口处装一个刹车，以防钢绞线坠落。

上海电视塔由于下部竖孔口标高设在地下第二层内，上部孔道口施工面又很小，只能采用从上向下的穿束方法。其方法是：在地面上将钢绞线编束后盘入专用的放线盘，吊上高空施工钢平台，同时使放线盘与动力及控制装置连接，然后将整束慢慢放出，送入孔道，较为顺利。

竖向穿束应特别注意安全，防止预应力筋滑脱伤人。

7.2.4 竖向预应力筋张拉

竖向预应力筋，一般采取一端张拉。其张拉端可设置在下端或上端，根据工程的实际情况确定。

中央电视塔与天津电视塔竖向预应力筋的张拉作业均在地下室内进行，分两组沿塔身截面对称张拉。必要时也可在上端补张拉。为了便于大吨位穿心式千斤顶安装就位，特制了提升千斤顶的升降车，其主体支架可调整垂直偏角，并具有手摇提升机构。

南京电视塔的竖向预应力筋在上端进行张拉。为保证三个塔肢受力均匀，组成三个张拉组，同时在三个节肢上张拉。每个塔肢张拉时，以塔肢截面中轴为中心，对称于两边进行。

上海电视塔直筒体+198m、+287m标高处的钢绞线束长达200~300m，两端都有一段曲线段，采用两端张拉。单筒体350m标高处钢绞线束采用下端张拉，上端固定。张拉顺序原则上要求：三个直筒体同时作业，单筒体对称张拉。

在超长竖向预应力筋张拉过程中，由于张拉伸长值很大，需要多次倒换张拉行程；因此，锚具的夹片应能满足多次重复张拉的要求。

竖向孔道摩擦损失测定：北京电视塔第一段竖向预应力筋的长度为126.3m，两端曲线段总转角为0.544rad，实测孔道摩擦损失为15.3%~18.5%，参照环向预应力实测值 $\mu=0.2$，推算 κ 值为0.0004~0.0006。

7.2.5 竖向孔道灌浆

1. 灌浆材料

灌浆用水泥浆，根据天津电视塔经验，采用42.5MPa普通硅酸盐水泥，水灰比为0.4，掺1%的减水剂和10%的U形膨胀剂。其流动度（用流淌法）达23cm，3h泌水率为零，可灌性好。

2. 灌浆设备与工艺

天津电视塔采用UBJ-2型挤压式灌浆泵，额定压力为1.5N/mm^2。采取逐层分段灌浆，每段高20m，设置二个灌浆孔（间距0.5m），任用一孔，1d灌浆一层。

南京电视塔采用UB-3型活塞式灰浆泵，额定压力为1.5N/mm^2。采取一次接力灌浆。对第一组，从-7m至+60m一泵到顶。对第二组，用两台泵接力到顶，即从-7m至+60m为第一泵，当60m灌浆孔出浆后接上第二台泵，从60m灌至121m。对第三组，同上程序灌至193.5m。第一泵的工作压力为1.2～1.4N/mm^2。由于孔道管高，管下端压力大，首先用混凝土将下端管口及锚具封闭。

上海电视塔采用原西德产P13型双活塞灰浆泵及国产UB-3型活塞式灰浆泵。灌浆工艺采取多级接力灌浆。对直筒体，第一台P13泵从-9.9m泵至+78.0m；第二台P13泵从+78.0m泵至约+198m；UB-3型泵分为2～3次从+198m泵至+287m。对单筒体，由一台P13泵在287m施工平台泵至+350m。

四川电视塔竖向灌浆首次采用多柱塞高压灌浆泵（压力6MPa），实现了247m高的竖向一次灌浆成功。

竖向孔道灌浆，由于泌水集中在顶端会产生一定孔隙，可采用手压泵在顶部灌浆孔局部二次压浆或采用重力补浆。

7.3 双向预应力施工

7.3.1 蛋形消化池双向预应力施工

1993年，济南污水处理厂首次建成三座万吨级蛋形消化池。其环向和竖向预应力筋均采用有粘结预应力技术。1999

年，杭州四堡污水处理厂建成三座蛋形消化池，其规模与济南蛋形消化池相同，但环向和竖向预应力筋均改用无粘结预应力技术。

至今，我国已建成的预应力蛋形消化池共计19座。其中，山东济宁污水处理厂建成的三座蛋形消化池，单池容量达12600m³，内径26m，总高42m，创造了国内同类结构之最。

1. 双向预应力筋布置与构造

杭州四堡污水处理厂蛋形消化池为三维变曲面蛋形壳体，单池容积为10000m³。池体埋深13.6m，池顶标高39.1m，池体最大直径24m，池壁厚度700～400mm渐变。池壁采用双向无粘结预应力体系。环向配置122圈4～6Uϕ^s15.2无粘结钢绞线束，每圈分为两束，包角180°，锚固在池壁外侧槽口内（图7-8）。竖向配置64束4Uϕ^s15.2无粘结钢绞线，其中长束和短束各32束；上端张拉下端固定，见图7-9。

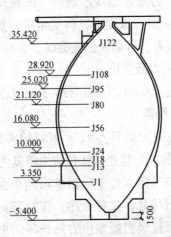

图7-8 杭州蛋形消化池
环向预应力筋布置

2. 无粘结预应力筋铺放

环向预应力筋沿钢筋支架布置，支架上加焊限位钢筋，以保

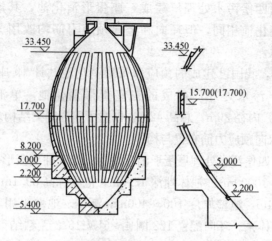

图 7-9 杭州蛋形消化池竖向预应力筋布置

证钢筋保护层厚度准确。竖向预应力筋成盘吊至脚手架板,随施工进展放盘铺放。为保证曲线准确,竖向预应力筋位置处增加 64 根圆钢,按要求加工弧度,经测量定位后焊接固定,预应力筋沿此钢筋曲线布置,可确保位置准确。

3. 无粘结预应力筋张拉

混凝土强度达 100% 后方可张拉,预应力张拉层与混凝土浇筑层至少保持 5m 距离。

原设计张拉应力为 $0.75f_{ptk}$,后经试验实测预应力筋的损失(摩阻损失和变角损失)较小,张拉应力降低为 $0.726f_{ptk}$。

环向预应力筋采用 4 台千斤顶单根同步张拉,为保证同束同根张拉,应先行编号。张拉顺序:张拉环向单数预应力筋到竖向短束标高→张拉竖向短预应力筋→环向单数预应力筋张拉到顶→环向双数筋往下张拉到竖向长束标高→张拉竖向长预应力筋→张拉下部环向双数预应力筋。

漳州市污水处理厂蛋形消化池环向预应力筋每圈分三段,改用环形锚具进行张拉锚固。

7.3.2 核电站安全壳双向预应力施工

1991年，我国第一座核电站——秦山核电站（1×30万kW）建成。10多年来，我国陆续兴建了大亚湾岭澳核电站、秦山核电站二期与三期等，最近新建的田湾核电站容量最大（2×100万kW），技术水平最高。

安全壳是核电站的心脏工程，具有极其重要的安全功能。其环向预应力和竖向预应力采用超大吨位有粘结预应力体系。预应力技术难度大，质量要求严。

1. 双向预应力筋布置与构造

核电站安全壳的预应力筋包括筒壁环向束、筒壁竖向束和穹顶束，必要时底板也采用预应力。

安全壳筒壁环向束布置方式可分为三扶壁柱式和二扶壁柱式。秦山核电站三期安全壳采用三扶壁柱式，环向束采用25ϕ^s15.7钢绞线，包角250°，两端锚固于扶壁柱侧面（图7-10），3束构成2圈。田湾核电站安全壳采用二扶壁柱式，环向束采用55ϕ^s15.7钢绞线，包角360°环绕一圈，锚固在扶壁柱上，相邻束错开180°（图7-11）。

秦山核电站安全壳竖向直线束采用37ϕ^s15.7钢绞线，均匀分布在环向束内侧，其上端锚固于环梁，下端锚固于环形张拉廊道的顶部。穹顶束采用25ϕ^s15.7钢绞线，分为3层，相互成120°正交，两端锚固在环梁上，见图7-10。田湾核电站安全壳采用半球形穹顶，穹顶束与筒身竖向束结合，采取倒U形布置方式，见图7-11。该倒U形竖向穹顶束采用55ϕ^s15.7钢绞线，两端均锚固于底部廊道内。

2. 预应力筋孔道留设

安全壳环向束的成孔要求高，应采用加厚（0.6mm）的镀锌波纹管成孔。如25ϕ^s15.7、37ϕ^s15.7及55ϕ^s15.7束分别采用ϕ120mm、ϕ140mm、ϕ160mm的波纹管。在扶壁柱区域，闸门及曲率半径小于7m的区域改用钢管成孔。钢管与金属波纹管的接

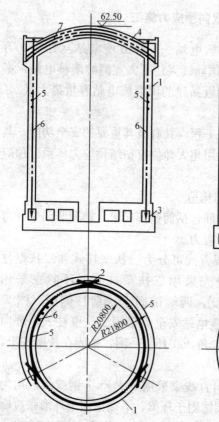 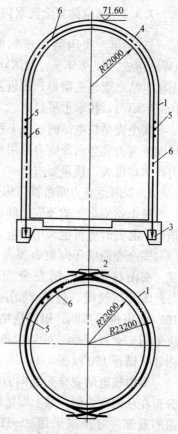

图 7-10 秦山核电站三期安
全壳预应力筋布置
1—筒壁；2—扶壁柱；3—廊道；
4—穹顶；5—环向束；6—竖
向束；7—穹顶束

图 7-11 田湾核电站安全壳
预应力筋布置
1—筒壁；2—扶壁柱；3—廊道；
4—穹顶；5—环向束；
6—倒 U 形竖向穹顶束

头宜采用套接并用热塑管封裹。

竖向束和穹顶束采用钢管成孔，如 $25\phi^s15.7$、$37\phi^s15.7$ 及 $55\phi^s15.7$ 束分别采用 $\phi115mm\times2mm$、$\phi140mm\times2.9mm$ 和 $\phi165mm\times2.9mm$ 的钢管。秦山核电站安全壳筒身采取滑模施

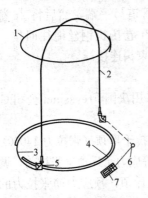
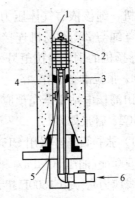

图 7-12 倒 U 形束整体穿束示意
1—水平束；2—倒 U 形孔道；3—55 根钢绞线束；4—环向编束管；5—滚轮链串；6—导向轮；7—20t 卷扬机

图 7-13 绳梭装置系统
1—倒 U 形孔道；2—绳梭；3—灌浆接头；4—止停块；5—2t 卷扬机钢丝绳；6—压缩空气

工，可利用滑模上的 $\phi 146mm \times 6.5mm$ 的钢管滑竿对混凝土抽芯成孔。在穹顶束上拱段处设排气口和补浆口。

3. 预应力筋穿束

钢绞线从放线盘中直接引出，经导向滑轮由穿束机送出，再经组合导管进入孔道。当另端碰到定位器给出信号，停止推送，用砂轮切割机切断。穿束机速度为 28m/min。穿束机上附加石墨粉涂抹装置。钢绞线端头套上导头。逐根穿入孔道内钢绞线达到整束后，两端外露钢绞线端头套上塑料袋，以防潮湿和雨淋。

竖向束由上向下穿送，环向束与穹顶束均由一端穿入，三种穿束流程相同，仅因放线盘的设置位置而改变导管的导向。

田湾核电站安全壳倒 U 形束的穿束难度大，具体步骤（图 7-12）：将 55 根钢绞线编为整束（利用穿束机逐根穿入环向编束管道）→穿束头焊接（采用二氧化碳保护焊）→将 20t 卷扬机钢丝绳穿过倒 U 形孔道→将 20t 卷扬机钢丝绳与穿束头连接→开动 20t 卷扬机整体穿束。其中，如何将 20t 卷扬机钢丝绳穿过倒 U 形孔道是关键工序，见图 7-13。首先利用 2t 卷扬机钢丝绳附着在绳梭尾部。将橡皮绳梭放入 U 形孔道，连接高压气管，开动空压机，绳梭依靠气体压力被吹到管道另一端，然后将 2t 卷扬机钢丝绳与 20t 卷扬机连接并利用 2t 卷扬机钢丝绳往回拉，将 20t 卷扬机的钢丝绳拉至另一端与穿束头连接。

4. 张拉准备工作

田湾核电站安全壳预应力系统采用法国 Freyssinet 公司 C 系列 55C15 后张体系。

1）张拉设备　采用 C1500F 主张拉千斤顶（张拉力 14000kN，行程 500mm 油压 70MPa）和 55C15 等应力千斤顶（张拉前，调整钢绞线应力）。对 C1500F 超大吨位千斤顶，预应力筋张拉力的表读数 p 值可按下式计算。

$$p=\frac{F}{A(1-K_1)(1-K_2)} \tag{7-1}$$

式中　F——预应力筋张拉力（kN）；

A——千斤顶活塞面积，对 C1500F 为 2006×10^2（mm²）；

K_1——锚固体系（喇叭口、夹片）的摩擦损失，2.5%；

K_2——千斤顶校准报告中的总平均损失值。

结合田湾核电站 C 系列 55C15 钢绞线束，经摩擦损失试验确定实际张拉力 $F=11200$kN，采用 C1500F 千斤顶 $K_1=2.5\%$，$K_2=0.7\%$，算得 $P=57.7$MPa。

2）锚具安装　图 7-14 示出竖向束锚具安装用装置。安装步骤如下：

(1) 将穿束管套在钢绞线上，穿入锚板并推到铰折板；

(2) 用叉车将锚板提升至钢绞线接触到铰折板；

(3) 脱开铰折板并从钢绞线下部取出穿束管；

(4) 提升锚板至喇叭口，然后装夹片。

然后，将千斤顶安装在移动式支架上。该支架允许千斤顶竖向移动，以贴紧锚板。

5. 预应力筋张拉

1）等应力张拉

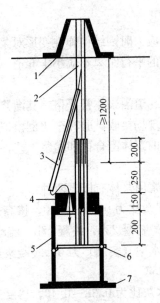

图 7-14 锚具安装
1—喇叭口；2—钢绞线；3—薄壁穿筋管；4—锚板；5—支架；6—铰折板；7—叉车

超大吨位环向束穿入孔道后，其最外侧钢绞线要比内侧钢绞线长。如田湾核电站安全壳的直径 44m，穿入 $55\phi^s15.7$ 钢绞线束，最长和最短钢绞线理论长度差超过 500mm，正式张拉前应采用 55C15 等应力千斤顶施加等值低应力。

2) C1550F 千斤顶张拉

田湾核电站安全壳环向束和竖向倒 U 形束均在两端同时张拉。分级加载：表读数为 $15 \rightarrow 30 \rightarrow 45 \rightarrow 57.7$MPa，每级测量伸长值。当表读数达到 95% 张拉力时，检查张拉伸长值，如伸长值在允许偏差内，再继续加载至 100% 力。

田湾核电站安全壳张拉顺序：竖向穹顶束与水平束分为 6 个阶段交叉进行：竖向穹顶束张拉 13 束→环向束张拉 18 束→竖向穹顶束张拉 24 束→环向束张拉 18 束→竖向穹顶束张拉 13 束→

环向束张拉 34 束。

为避免张拉预应力时因结构弹性变形对浆体凝固的影响，灌浆束与张拉束之间的平行距离不应小于 5m。

6. 孔道灌浆

核电站安全壳孔道灌浆非常严格，其灌浆试验主要经历室内浆体配合比试验、现场接收试验和全比例模拟试验三个阶段，以选择满足技术要求的浆体配合比和灌浆工艺，并检查实体孔道内浆体密实度。

安全壳孔道灌浆用浆体有以下两种：

1）缓凝浆　水灰比为 0.35～0.38，掺高效缓凝减水剂。缓凝时间（现场检查）初凝 25h，终凝 27h，流动度（用流锥测定）6h 不大于 14s，泌水率（实测）为 0。缓凝浆适用于所有预应力预道，气温为 5～35℃。

2）膨胀浆　水灰比为 0.38～0.40，掺膨胀剂。膨胀率不应大于 6%，凝结时间（现场检查）：初凝 14h，终凝 15h。0.5h 流动度为 14～26s。第二次灌浆是在缓凝浆灌注后 3～4h 内，将第一次浆体上部的悬浮液体用压缩空气吹出后进行。膨胀浆适用于二次灌浆填补上隆孔道顶部第一次灌浆遗留的空隙部分。

环向孔道的灌浆方向应从最接近隆起端向另一端进行。穹顶管从一端到另一端。竖向管由下往上灌浆，其上端装有补浆罐，重力补浆。

8 钢结构预应力施工

8.1 钢桁架预应力施工

平面承重钢结构体系中,预应力钢桁架是在传统钢桁架结构形式的基础上发展起来的。著名工程有:北京西站门楼45m巨型重载预应力钢桁架,成都新国际会展中心90m预应力梭形空间钢桁架,广东省博物馆新馆双向交叉预应力平面钢桁架(单榀桁架长度113.5m,两端各悬挑出核心筒23m)等。

8.1.1 预应力筋布置与构造

钢桁架预应力筋布置与构造的基本要求:

1) 钢结构预应力筋的布置原则,在预应力作用下,应使结构具有最多数量的卸载杆和最小数量的增载杆。

2) 钢结构弦杆由钢管组成时,预应力筋可穿在弦杆钢管内,利用定位支架或隔板居中固定。钢结构弦杆由型钢组成时,预应力筋应对称布置在弦杆截面之外,并在节点处与钢弦杆连接。

3) 预应力筋采用裸露钢绞线时,应外套钢管(或塑料管)并在张拉后灌浆防护。当预应力筋采用无粘结钢绞线时,护套的厚度不应小于1.2mm。

4) 预应力筋锚固节点的尺寸应满足张拉锚固体系的要求,并应考虑多根预应力筋的合力作用在弦杆截面的形心。锚固节点的承压面应垂直于预应力筋作用线。锚固节点的构造及焊缝必须保证安全可靠地传递预应力。

5) 预应力筋的转折处应设置转向块,保证集中荷载均匀、可靠传递。

6) 张拉端锚具防护应采用钢罩封锚。罩内应填充水泥浆或防腐油脂。

图 8-1 示出北京西站主站房门楼 45m 重载主桁架预应力筋的布置方式。该桁架两端刚接在两侧筒体的劲性钢柱上。第 1 组预应力筋为下弦中部直线束，第 2 组为上弦边部直线束，第 3 组为通过上弦与下弦的折线束。每榀桁架配置 14 束 9Uϕ^S15.2 无粘结预应力钢绞线，采用 OVM15-9 锚具。鉴于该工程有较高的防火防腐要求，无粘结钢绞线的护套厚度不小于 1.2mm，并外套钢管，张拉后灌注水泥浆。

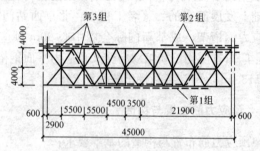

图 8-1 北京西站主站房门楼 45m 重载钢桁架预应力筋布置

图 8-2 示出成都新国际会展中心 90m 梭形空间桁架预应力筋的布置方式。梭形空间桁架采用倒三角形截面，桁架形状两端尖中间大，其上下弦曲线形式与梁的主应力迹线相近，弦杆跨中和两端的内力相差不大，各杆件的受力比较合理。在梭形空间桁架抛物线形下弦管内配置 7Uϕ^S15.2 无粘结钢绞线，既能避免廓外布筋影响净空，又使下弦杆及部分腹杆内产生与使用荷载作用下相反的应力，对上弦杆的增载也极小，为了限制无粘结钢绞线在下弦管内活动，在下弦管内设置套管使无粘结钢绞线仅在套管内滑动。

图 8-2 成都新国际会展中心 90m 预应力梭形空间桁架

图 8-3 示出湖南省政府主办公楼索托桁架预应力筋的布置方式。该工程每榀索托平面桁架廓内布置 2 根折线索，折点处采用鞍座（图 8-4），索与钢桁架之间采用索夹固定，防止索振颤。拉索采用 $\phi^P 5 \times 151$ 扭绞型平行镀锌钢丝束，外包 PE，索头采用冷铸锚具。

图 8-3 索托平面钢桁架拉索布置方式

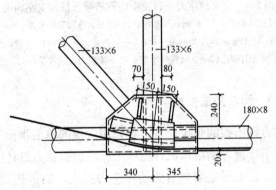

图 8-4 折线拉索转向节点

图 8-5 示出广州东方宾馆会展中心 48m 预应力平行弦空间钢桁架张拉端支座的构造。该工程屋面荷载重，下弦管内穿 37ϕ^S15.2 钢绞线，采用 OVM15-37 型群锚，张拉力设计值为 4500kN。为使张拉端支座能承受巨大的轴力，专门设计了一种端支座构造。该支座节点由 $\phi 299mm \times 15mm$ 与 $\phi 450mm \times 20mm$ 内外钢套管通过加劲肋及端板焊成，并在内外钢管之间灌注高强水泥浆。该工程预应力筋采取有粘结施工，在桁架下弦管内设置通长 $\phi 140mm \times 2.75mm$ 钢套管，待预应力筋张拉完毕后，套管内灌注水泥浆。灌浆孔采用带内螺纹的接头管焊在钢套管上，并在下弦钢管表面的相应位置留椭圆孔。

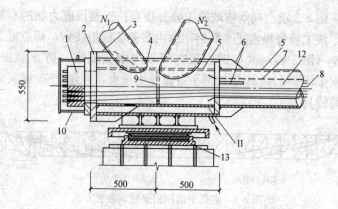

图 8-5 重型预应力平行弦空间钢桁架张拉端支座构造
1—OVM15-37 锚具；2—60mm 厚端板；3—20mm 厚加劲肋 6 片；4—外钢管；
5—内钢管；6—16mm 厚加劲板 6 片；7—钢套管；8—37ϕ^s15.2 钢绞线；9—加
劲隔板；10—钢帽；11—支座管壁灌浆；12—预应力孔道灌浆；13—滑动支座

8.1.2 预应力筋张拉

预应力钢桁架的张拉设备，可采用常规的单根张拉千斤顶或整束张拉千斤顶。钢结构设计图纸上标明的张拉力设计值是有效预应力值；施工时应增加有关的预应力损失，确定初始张拉力。空间钢桁架单榀张拉时，对相邻桁架的影响小，可忽略不计。对锚固端建立的有效预应力值$\leqslant 0.3 f_{ptk}$的钢绞线，应采用低应力防松夹片锚具。

钢桁架施加预应力宜在该桁架和部分支撑安装就位后进行。根据钢桁架承受的荷载情况，可采取一次张拉或分批张拉。预应力筋张拉应对称、同步进行，以免桁架失稳。

钢桁架刚度大，预应力作用下产生的等效荷载与结构自重相差不大，张拉时反拱值小，因此采用应力控制、伸长校核比较合适；张拉伸长允许偏差为±6%。

北京西站主站房门楼钢桁架的无粘结钢绞线，采用前卡式千斤顶单根张拉。其下弦直线束在拼装阶段张拉；上弦束与折线束应在桁架提升就位后张拉，对折线束应采用2台千斤顶同步各拉一束，再在另端补足。

8.2 吊挂结构斜拉索施工

吊挂结构由支架、吊索和屋盖三部分组成。支架一般采用立柱、刚架、A型架等组成。吊索可采用钢丝、钢绞线和钢棒拉索，分为斜拉与直拉两类。斜拉索上端挂于支架顶部，下端与屋盖结构相连，形成弹性支点，减小跨度与挠度。被吊挂的屋盖结构有立体桁架、网架、网壳等。吊挂结构根据屋盖结构类型不同，可按平面体系或空间体系计算。

8.2.1 斜拉索布置与端部构造

天津泰达国际会展中心展厅为单层扇形，由12个单元组成。每个单元为108m×20m。其屋盖体系由钢管混凝土塔柱、空间钢桁架和斜拉索组成，见图8-6。

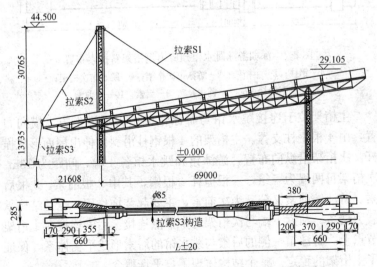

图8-6 天津泰达国际会展中心展厅斜拉索布置及拉索构造

该展厅每个单元的高塔柱顶端有 4 根拉索斜拉空间钢桁架。S1 为 2 根前索，S2 为 2 根后索，还有 S3 索为 2 根下拉接地索。斜拉索采用外包热挤双层 PE 镀锌钢丝束，S1、S2、S3 索规格相应为 $\phi^P 5 \times 39$、$\phi^P 5 \times 163$、$\phi^P 5 \times 151$。张拉端采用带调节螺杆的冷铸锚具与叉耳索头连接。斜拉索顶部为固定端，底部为张拉端，通过叉耳与支座处耳板轴销连接。

深圳游泳跳水馆的平面尺寸为 113.4m×65m。其屋盖结构由主次钢桁架、桅杆和钢棒拉杆组成，见图 8-7。

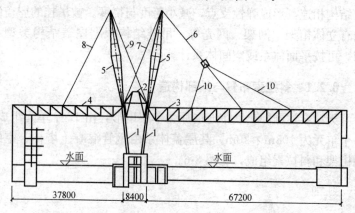

图 8-7 深圳游泳跳水馆预应力钢桁架斜拉索布置
1—钢柱；2—主桁架；3—游泳馆次桁架；4—跳水馆次桁架；
5—钢桅杆；6、8—前索；7、9—后索；10—次前索

主桁架位于连接跳水馆与游泳馆的中央通道上方，横向布置，由 4 根钢柱支撑。主桁架的 4 根钢柱沿斜向伸出屋面形成桅杆。次桁架沿纵向布置，游泳馆和跳水馆各 4 榀，间距为 13m。次桁架每两榀为一组，一根桅杆 4 根索，其中 2 根前索，2 根后索。游泳馆前索又分叉为次前索，主要起装饰作用，也是结构承载力储备。前索下端与次桁架跨中节点连接，后索连接在主桁架节点上。游泳馆一侧的后索与跳水馆的后索形成平衡体系，保证了主桁架的稳定。整个结构体现了自平衡概念。

前索钢棒拉杆规格：$\phi 59$（游泳馆）和 $\phi 44$（跳水馆），后索

相应为 $\phi 87$ 和 $\phi 59$。钢棒分段加工，通过套筒连接。钢棒张拉后旋紧套筒，建立预应力。

8.2.2 斜拉索安装

斜拉索的上索头往往固定于耸立的竖向结构上。挂索的施工难度为作业高度大，索头重，有时起重机无法配合。

斜拉索的垂直运输应根据吊挂结构特点和现场施工条件，可选用起重机、卷扬机和滑道牵引滑升等方法。滑道牵引滑升挂索方法，需要架设临时索滑道，仅适用于大规格索和大斜度索。

索头的连接方式主要有三类：销接，旋入式螺杆连接，索头穿入锚管用螺母锚固。其中，销接最为常用，有耳板式和叉耳式。当牵引上索头至安装位置时用2只捯链接引并作微调，插入轴销连接。牵引下索头（张拉端）至接近安装位置时，斜拉索被张紧，索体在自重下呈悬链线状态。要实现下索头就位连接，就必须有足够大的牵引力。索下端调节螺杆应留出足够的可调长度。

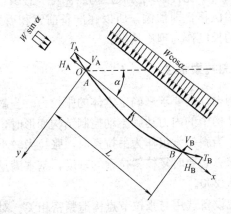

图 8-8 斜拉索下端牵引力计算简图

索下端牵引力 T_B，可按下列公式计算（8-1）：

$$T_B = \frac{WL\cos\alpha}{2}\sqrt{\left(\frac{L}{4f}\right)^2 + 1} \quad (8\text{-}1)$$

$$\frac{f}{L} = \sqrt{\left(\frac{L_s}{L}-1\right) \times \frac{3}{8}} \tag{8-2}$$

式中　W——斜拉索单位重（kN/m）；
　　　L——斜拉索长度（m）；
　　　α——斜拉索与水平线夹角（rad）；
　　　f——斜拉索矢高（m）；
　　　L_s——斜拉索下垂的实际长度（m）。

【例】　某工程斜拉索长度 30m，挂索期间下索头的可调范围为 ±100mm，取 +100mm，则 L_s=30.1m，代入式（8-2），其矢跨比 $f/L = \sqrt{\left(\frac{30.1}{30}-1\right) \times \frac{3}{8}} = 0.035$，$\phi^{P}7 \times 187$ 索体单位重 565N/m，α=45°代入式（8-1），算得 T=43.2kN。另加索头重量为 3000N，该拉索下端挂索所需牵引力为 46.2kN。

深圳游泳跳水馆的桅杆可在与主桁架铰接的方向自由转动。为使张拉完成后，桅杆轴线与底柱仍然保持一直线，应给桅杆顶点的反向初始位移，即预偏，所以在准备前索和后索的长度时，应以预偏后的长度作为理论长度。

8.2.3　斜拉索张拉

根据结构设计的要求来确定索体的张拉力。当斜拉索的作用是用来调整结构中的内力达到主动控制结构变形时，索体需要较大的张拉力。当斜拉索仅作为吊拉索时，张拉力较小，只需满足索体绷紧要求。必要时复核斜拉索的垂度，基本满足绷紧视觉效果，一般为 $L/200$。

索的张拉设备选用与张拉节点构造紧密相关。对采用销接的张拉端，通过索头正反牙调节杆来建立拉索预应力的情况，可采用图 3-8 所示的张拉装置。对两端销接的钢棒拉杆，通过杆端正反牙调节套筒来建立拉索预应力的情况，可采用图 3-9 所示的张拉装置。对采用螺母固定的张拉端，可采用穿心式千斤顶加撑脚与拉杆进行张拉。

预应力斜拉索钢屋盖结构中，屋盖是整体的，吊拉点是分散的，各点分别张拉，对整体结构的相互影响大。为此，需要将屋盖结构整体建模，采用有限元分析手段，模拟张拉过程，如采用倒拆法等进行计算分析，确定各阶段索拉的张拉顺序。张拉力和关键点变形、预应力钢结构斜拉索以变形控制为主，以索力控制为辅。

天津泰达会展中心展厅斜拉索张拉设备采用图3-8所示的装置。斜拉索通过张拉阶段模拟计算得出：第一步S1和S2索预紧至90kN和100kN后，桁架跨中竖向变形仅0.4mm（向上），而柱顶水平变形达24.6mm（向内）；第二步安装S3索，并张拉至270kN，此时S1和S2索力分别达到200kN和313kN，桁架跨中竖向变形增至13.9mm，柱顶水平变形为4.3mm（向外），基本满足设计要求，避免低效率的反复补张拉。

深圳游泳跳水馆钢棒张拉设备采用图3-9所示的装置，采取分批张拉方式。为了在钢棒中建立满足设计要求的预应力，需要对钢棒张拉阶段进行力学分析，以确定各批次张拉顺序和张拉力。每根桅杆的前索施加预应力，后索自然张拉。张拉顺序：跳水馆东侧桅杆两根前索同时张拉至分析得到张拉力的50%，并核实后索内力→同步张拉游泳馆东侧两根主前索主张拉力的50%并核实后索力→同上所述张拉西侧前索并核实后索内力→重复以上工作张拉至100%→检查各次桁架跨中位移，满足设计要求。

8.3 张弦结构拉索施工

张弦结构体系中，最早出现的是张弦梁，由梁、柔性下弦和撑杆组成。梁是刚性的压弯杆件，发展至今已具梁、拱、立体桁架、网壳等多种形式。柔性下弦引入预应力拉索和钢棒。著名工程有：广州、哈尔滨国际会展中心126m、128m张弦桁架、国家体育馆114m×144.5m单曲面双向张弦桁架、北京羽毛馆直径90m的弦支穹顶，武汉体育馆长轴165m的椭圆抛物面弦支穹顶等。本节结合工程实践阐述大跨度张弦桁架和大型弦支穹顶拉索施工。

8.3.1 大跨度预应力张弦桁架拉索施工

1. 哈尔滨国际会展体育中心

该工程张弦桁架的长度 140m，支座跨度 128m，间距 15m，两端支座分别设置在标高 14.6m 的钢筋混凝土柱顶和标高为 28.97m 的人字形摇摆钢柱顶。张弦桁架顶部标高为 36m，见图 8-9。

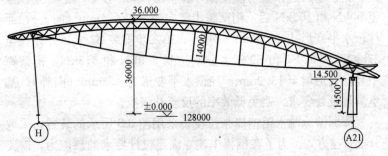

图 8-9 哈尔滨国际会展体育中心张弦桁架屋盖剖面

张弦桁架单榀重约 145t。上下弦管 $\phi 480mm \times (12\sim 24)mm$，腹杆管 $\phi 168mm \times 6mm$，下弦预应力拉索为 $\phi^P 7 \times 397$ 平行扭绞钢丝索，外包 PE，两端为冷铸锚具。

张弦桁架总拼装是在现场搭设的总拼装胎架上进行。采用立式拼装法，从中部向两端进行。拉索施工程序：放索→穿束→张拉索。

1) 放索

用卷扬机的钢丝绳拉住索头并收紧，将 1t 重的索头安放在专用小车上，在小车车轮下铺槽钢轨道进行牵引，每隔 6m 设置滚轮。将索体逐渐放开，移动至总拼装胎架下就位。

2) 穿束

先将卷扬机近端的索头安装就位。在索体未进鼓形铸钢节点时用一只 3t 捯链将索头位置吊起，微调至节点孔内，同时用千斤顶辅助钢绞线索临时锚固进行牵引。

由于鼓形节点洞口离索头锚固位置有5m，另一端索头要向内移动才能穿入。采用两只5t电动捯链在张弦桁架跨中将索体吊起呈抛物线状，使另端索头向内移至鼓形节点下方，便于拉索穿入，见图8-10。

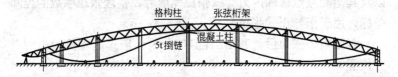

图8-10 拉索中间提起将另端牵头牵引穿入

3）张拉方案

对张拉桁架通常需控制恒载及预应力作用下桁架的跨中挠度，由此可利用有限元分析反推预应力大小。张弦桁架有以下两种张拉方案。

（1）一次张拉法：张弦桁架在拼装胎架上一次张拉到位。张拉后，桁架支座水平位移较大，有可能影响吊装就位。伸缩缝间所有张弦桁架、檩条和支撑拼装成整体单元后，通过计算机仿真模拟分析得出在各榀张弦桁架控制点位移偏差不大的前提下，做局部调整是可行的。

（2）两次张拉法：第一次在拼装胎架上张拉，第二次在伸缩缝间的所有张弦桁架、檩条和支撑拼装成整体单元后张拉。第二次张拉阶段某一榀张弦桁架张拉，对相邻张弦桁架的索力、控制点位移有明显影响，难以控制索力和跨中竖向位移。施工中，可控制拉索的伸出量。

经综合比较，并结合本工程张弦桁架的支座低端铰接于钢筋混凝土柱，高端人字形摇摆钢柱可以转动，吊装就位方便，因此，选用一次张拉法。通过工程实践，伸缩缝间多榀张弦桁架吊装就位后，已满足控制精度要求，未作索力调整。

4）拉索张拉

单榀张弦桁架拉索张拉力为1700kN。选用2台YCW250B型轻型化千斤顶（带撑脚），并利用拉杆拧入冷铸锚具内进行张拉，然后用锚母锚固。

施工前用计算机仿真模拟张拉工况，作为指导试张拉依据。计算表明张弦桁架的张拉力接近1500kN时脱架，竖向变形急剧增加。当张拉力达到最终力后，依次测定桁架中点矢高、跨度，以及其他测点位移和内力。试张拉完成后，整理张拉参数的控制指标，用于指导正式张拉。

张弦桁架张拉后，利用二台3000t·m塔式起重机抬吊到滑升位置。

2. 国家体育馆比赛馆

该工程平面为114m×144.5m，其屋盖结构采用单曲面双向张弦桁架体系。施工方案选定纵向桁架沿横向累积滑移，同时拼装横向桁架构成滑移单元，最后进行预应力拉索张拉。该工程通过1:10模型试验，确定了双向索分级张拉施工工艺：第1级施加至设计值的80%，第2级施加至设计值的100%，第3级进行微调。纵向拉索和横向拉索对称同步张拉。第1级张拉千斤顶由两侧轴线到中间轴线移动，第2级张拉千斤顶从中间轴线向两侧轴线移动。以张拉力作为主要控制指标。

8.3.2　大型预应力弦支穹顶拉索施工

弦支穹顶（又称索承网壳）是一种刚性网壳和柔性索杆体系组合的一种新型杂交预应力空间结构体系。柔性索杆体系包括环向索、径向索和撑杆，见图8-11。

弦支穹顶通过在单层网壳下部设置的索杆体系，引入预应力使撑杆对单层网壳产生与竖向荷载相反的位移，对单层网壳起到了弹性支撑作用，从而部分抵消了外荷载的作用，减小单层网壳杆件应力，提高结构整体稳定性；同时，径向索与环向索在预应力作用下对单层网壳产生水平径向拉力，抵消外荷载对单层网壳的水平推力，整个结构形成自平衡体系。

1. 武汉体育中心体育馆弦支穹顶

该工程屋盖外形为椭圆抛物面，长轴长度165m，短轴长度

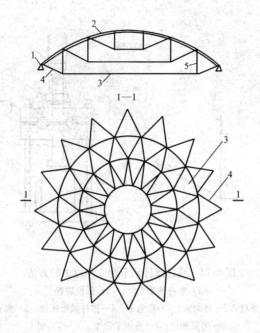

图 8-11 弦支穹顶结构简图
1—环梁；2—单层网壳；3—环向索；4—径向索；5—撑杆

145m，采用弦支穹顶结构体系。设置 3 道环向索，其规格为 $2\phi^P 5\times 151$、$2\phi^P 5\times 163$ 和 $2\phi^P 5\times 109$；径向索为 $\phi^P 5\times 109$ 和 $\phi^P 5\times 139$；竖向撑杆为 $\phi 299\times 7.5$mm。环向索为双索体系，采用调节棒连接，索头为冷铸锚具；径向索头为热铸锚具。

根据网壳安装过程，拉索和撑杆依次从内环向外环安装。同一环内，先安装撑杆，再安装环向索，最后安装径向索。

对弦支穹顶拉索预应力的建立，通常有 3 种方法：环向索张拉法、径向索张拉法和撑杆调节法。撑杆调节法是通过调节撑杆长度来建立预应力的一种间接施加预应力的方法。结合该工程特点，撑杆轴力远小于环向索、径向索索力，且每环撑杆数量较少，同一环中相邻撑杆的轴力差别不大，易于分区控制，方便各环整体施加预应力。但该法要求拉索预先精确定出初始索长，即

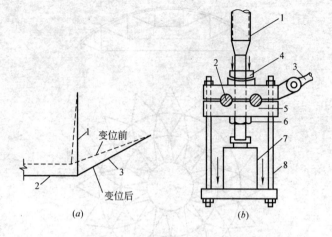

图 8-12 通过撑杆调节建立预应力的方法
(a) 索杆体系变位；(b) 张拉装置
1—撑杆；2—环向索；3—径向索；4—撑杆弧形螺母；5—索夹；
6—销紧螺母；7—液压千斤顶；8—传力架

通过计算机进行虚拟张拉分析，并根据现场钢结构安装误差确定拉索初始无应力长度，做到预控在先，技术难度大。经过综合比较，确定采用撑杆调节法。

拉索张拉顺序：从外到内（外环→中环→内环），同一环撑杆同步顶撑，且一次到位。为保证撑杆顶撑的同步性和拉索索力的均匀性，各环同步顶撑时进行分级控制，即预紧→30%→70%→90%→100%顶撑力。

张拉装置由100t千斤顶和传力架组成，悬挂在环向索索夹上，见图8-12（b）。张拉时，开动千斤顶，迫使环向索下移，随即拧紧撑杆弧形螺母，撑杆长度增大，环向索与径向索获得预应力。张拉过程中，进行双控，即控制力和变形，以控制力为主；同时对拉索索力、网壳杆件应力、屋盖变形及支座位移等进行检测。

屋盖结构在拉索张拉前，外围边界支座应保持可滑动状态；

待施加预应力后,再将外围边界弹性支座固定。

2. 北京奥运会羽毛球馆弦支穹顶

该工程屋盖主体结构为直径93m,矢高11m的弦支穹顶结构体系。设置5道环向索,其规格为$\phi^P7\times199$、$\phi^P5\times139$和$\phi^P5\times161$;径向索为$\phi60$和$\phi40$钢拉杆。对施加预应力,主要考虑了张拉环向索和张拉径向索两种方案,比较如下:

1) 径向拉杆的设计内力为相应环向索的1/7~1/3,但径向拉杆数量大,所需的张拉设备和人工多;

2) 张拉时径向拉杆之间的相互影响较大,要多次调节索力才能达到设计值。经综合比较,最后确定环向索张拉方案。为了减少环向索中各段索力差,每圈环向索设置4个张拉点同时张拉。

关于环向索张拉批次,经过多方面考虑,选用两批次张拉。第1批次从最外环索向内依次张拉索力至设计值的70%,第2批次从最内环索向外依次张拉索力至105%(考虑5%预应力损失)。通过仿真计算,对施工提供每步张拉力值及各项监控点参考值。

8.4 钢拱架结构张拉成型法

钢拱架结构张拉成型法是将整个屋盖构件在支架上拼装完成后,采用预应力张拉技术使整个屋盖结构起拱成型的方法。该项技术起源于澳大利亚,由于它重量轻、施工速度快、成本低,引起人们的关注与兴趣。澳门机场、广州白云机场、海口美兰机场等飞机库曾采用该项新技术。

海口美兰机场机库维修大厅的跨度99.6m,柱距8.16m,共6个开间。整个结构由7榀钢拱架组成,两侧14根钢柱的高度15m,拱架截面高度3.8~5.1m,拱顶高度为29m。每榀拱架由两端钢柱和10节拱架拼装而成,见图8-13。

固定端钢柱与第1、2节拱架、滑动端钢柱与第9、10节拱

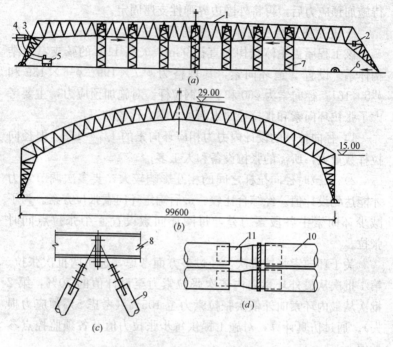

图 8-13 海口美兰机场机库维修大厅预应力钢拱架
(a) 钢拱屋盖组装后施加预应力前的情况；(b) 钢拱屋盖施加
预应力的情况；(c) 柔性上弦节点；(d) 可压缩下弦杆
1—钢拱架；2—固定端锚具；3—张拉端锚具；4—千斤顶；5—油泵；
6—滑道；7—拼装架；8—上弦杆；9—腹杆；10—下弦杆；11—可压缩管

架均在现场用高螺栓连接，形成刚性起拱端。第 3 至 8 节每节拱架杆件包括上弦杆 1 根、下弦杆（双管）3 根。每根下弦管之间插入可压缩套管（图 7-13 (d)），上下弦之间腹杆用螺栓连接（图 8-13 (c)）。第 3 至 8 节上下弦全部节点为柔性节点，形成柔性可压缩弯曲杆件。每根下弦管内分别穿 $9\phi^S15.2$ 钢绞线，共计 18 根钢绞线。整个屋盖结构在地面支架上一次拼装完成。

钢拱架左侧脚为固定端，以铰接方式与基础连接，预应力钢绞线的张拉端设在固定柱脚一侧；另一柱脚为活动端，预应力钢绞线的固定端设在活动柱脚一侧。活动柱脚搁置在钢板制作的滑道上。

  7榀钢拱架采用7台千斤顶同步张拉。每束$9\phi^S15.2$钢绞线的张拉力为1800kN。在预应力筋张拉过程中，钢拱架的活动柱脚沿滑道移动，钢拱架逐渐受压下弦杆中的伸缩套管从张拉端向固定端逐个收缩闭合；同时在腹杆与下弦杆连接处腹杆产生转动而向上顶起，上弦杆弯曲变形，逐渐成型为拱形屋盖结构。

9 预应力结构经济分析

目前,预应力结构已成为土建工程中重要的一种结构形式,应用领域日益扩大,各地已建造了大量预应力结构,充分显示出预应力结构具有强大的生命力。

从经济观点看,采用预应力结构的有利条件如下:

1) 跨度大,这时恒载对活载的比值大,因此减轻结构自重成为经济方面的重要课题。

2) 荷载重,这时需用的材料数量大,因而值得力求材料的节约。

3) 超高层,这时业主总希望在指定的高度内多建造几层楼,因此降低结构层高而又保持一定的净空,必须从结构方案入手。

虽然预应力技术的先进性已得到大家的认可,但其经济性曾经是一个有争议的问题。问题的关键是预应力结构要增加预应力筋施工,所增加的费用是否能低于(或持平)所节约的费用。

预应力混凝土结构节约成本的主要途径是减少结构钢筋和混凝土用量,节约的多少直接与结构的跨度有关。研究表明,单跨跨度小于 10m 的框架采用预应力结构是不经济的(图 9-1),即跨度小于 10m 时所节约的成本不能抵消预应力施工所增加的费用。

确定预应力混凝土结构方案时,应进行多方案的技术经济比较后择优选用。设计人员应提高自身的创新和应用新技术的能力,充分利用现代设计理论和计算手段,设计出更多的技术上先进、经济上合理的结构。

结构工程师应避免按经验确定结构方案,为赶进度采用熟悉的结构方案,设计师应该认识到采用预应力混凝土结构方案后可

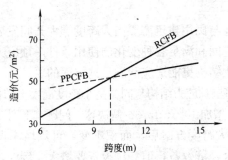

图 9-1 预应力梁的最小经济跨度示意图
PPCFB—部分预应力混凝土结构；RCFB—钢筋混凝土结构

以使结构获得较大的跨度、较小的梁高、承受较大的活荷载等，既体现了结构方案的技术先进性，又能充分发挥结构方案的综合经济效益。

9.1 现代预应力结构的综合经济效益

我国现代预应力结构是在与钢筋混凝土结构和钢结构竞争中成长壮大的，因此，上述结构可作为预应力结构的评比对象。此外，经济评价也可在不同的预应力结构体系之间进行。

预应力结构的经济评价，宜采用多指标评价法，即以一系列经济指标（造价、材料用量、人工用量、工期等）和功能指标作为评价的基础。每个指标只反映某一方面的情况，将评价对象选定的所有指标综合起来，反映的情况就比较全面。然后，根据评价对象的特点与业主要求，抓住重点，作出评价。

不同方案的同类指标，应具有可比条件，必要时进行换算。在对比方案中，基本相同的部分可略去，只分析互不相同的指标。

9.1.1 多层框架结构

在多层框架结构方面，主要是大跨度预应力混凝土框架结构与小跨度钢筋混凝土结构比较。对比指标重点突出功能与综合经济效益。

现代工业与民用建筑需要向大跨度、大开间发展，以提供明快舒适的大空间和满足各种变化的使用条件。预应力混凝土结构比钢筋混凝土结构更能适应和满足这方面的要求。

大跨度多层预应力结构与同类型小跨度混凝土结构相比，每平方米结构单价增加 10%～15%。解决这一问题有下列二种途径。

1) 采用大跨度方案后，面积不变，可用增添设备，增加产值来取得综合经济效益，但一次投资要增大。例如，上海某纺织厂原方案每层织布机仅布置 100 台，改用大跨度预应力结构后总造价增加 10%，每层织布机可布置 112 台，也即增加产值 12%，综合经济效益为 2%。

2) 采用大跨度方案后，设备不变，可减少面积，结构总造价持平。如考虑围护结构、楼（屋）面、风管灯带等项减少，还可降低总投资，以取得综合经济效益。例如，某纺织厂采用大跨度预应力结构后，建筑面积减少 8%，框架结构单价增加 8.5%，框架结构总价持平。考虑到围护结构、楼（屋）面、天棚、隔墙等造价的减少，该厂房总造价反而降低约 5%，如再考虑由于面积减少、层高降低后空调使用费的节约，经济效益更为显著。

关于大跨度预应力混凝土结构的工期与普通结构比较，多一道预应力工作。经过多年的实践，预应力施工技术日趋成熟，已形成一套完整的施工组织体系。现浇预应力结构的预应力筋铺设与钢筋绑扎可组织流水施工；混凝土浇筑后，如同普通结构一样可继续上一楼层施工，预应力筋张拉待混凝土达到强度后穿插进行，基本上不影响工期。由于采用预应力混凝土结构后，模板、钢筋与混凝土用量减少，工期反而有可能缩短。

9.1.2　高层楼面结构

在高层楼面结构方面，主要是无粘结预应力现浇楼板、预应力混凝土叠合板与钢筋混凝土梁板比较。

美国曾对 20 世纪 70 年代建造的 36 幢房屋的楼面结构分析

得出：当采用 8.5～10.7m 无粘结预应力板代替 6.0m 钢筋混凝土楼板时，钢材与混凝土用量大体相等，但跨度增大 40%～80%，提高了使用功能。

广州国际大厦 63 层无粘结预应力平板，与一般梁板体系楼盖比较，每层高度减少 300mm，总高度可降低 18.9m。在相同高度下相当于多建 6 层，其综合经济效益更为明显。

9.1.3 单层屋面结构

在单层屋面结构方面，一般跨度较大，主要是预应力混凝土结构、钢结构与预应力钢结构比较。对比指标重点突出功能、工期和综合经济效益。

1. 预制预应力混凝土屋架与钢屋架比较

根据 G415 图集 18m～30m 屋架采用高强钢绞线方案与同跨度传统钢屋架比较，可节约钢材 35～50%，但现场工作量大、工期较长。近几年来，随着我国钢产量快速增长、钢结构轻型化、施工速度快、综合经济效益较好。

上述两类屋面结构方案各有优势，应根据当地施工条件，重点突出使用功能、使用年限、使用环境、投资额度等要求，作出评价。

2. 普通钢结构与预应力钢结构比较

根据以往工程的经济分析，在跨度＞30m 的重载屋面结构中，采用预应力钢桁架比普通钢桁架经济。

现代创新空间钢结构体系（如索穹顶和索膜结构等），由于大量采用预应力拉索而排除了受弯和受压构件，以及采用轻质高强的围护结构，其承重结构变得十分轻巧，与普通钢结构体系比，跨度增至 100m 以上，自重降低几倍，综合经济效益显著。

9.2 部分预应力混凝土框架结构经济分析

部分预应力混凝土框架梁具有跨度大、工艺布置灵活、室内运输方便、结构性能好、材料用量省等优点。近年来，已普遍应用于多层工业厂房、仓库及公共建筑等。当前人们普遍关心的是部分预应力混凝土框架结构的经济效果问题。本文即从这点出发，将部分预应力混凝土框架梁（简称 PPCFB）与钢筋混凝土框架梁（简称 RCFB）进行经济比较。

比较工作建立在一系列结构标准设计的基础上，其方法是，当建筑物规模一定时，选择不同的布置方案，并以不同的结构形式（RCFB 或 PPCFB），按照统一的计算方式，统一的规范进行标准单元框架结构设计，然后按照统一的定额计算材料、机械、人工等直接费，最后根据预算结果进行比较，从而得出不同方案之间的经济关系。

9.2.1 设计资料

为了便于进行经济比较，规定统一的设计条件：
1）纵向总长度：不限，开间 9m，作为计算单元。
2）横向总宽度：12～72m，可由 1～3 跨 12、15、18、21、24、27 和 30m 组合。
3）厂房层数：3 层，层高 4.60～5.8m。
4）恒载 5.0kN/m^2，活载 5.0kN/m^2 与 10.0kN/m^2。
5）抗震等级：三级。
6）强度等级：C35、C40，名义拉应力 5.5～5.97MPa。
7）预应力筋：ϕ^S15.2 钢绞线，f_{ptk}=1860MPa，夹片锚具。
计算结果，见表 9-1。

9.2.2 预算价格

为了使价格上有可比性，采取以下做法：
1）仅计算预应力框架梁工程量清单单价。
2）统一取费标准，按 2006 年江苏省市场平均价计算。

9.2.3 经济分析

根据表 9-2 与表 9-3 的计算结果，以跨度为横坐标，以造价

部分预应力混凝土框架梁的截面尺寸和预应力筋　　表 9-1

跨度 (m)	活载 (kN/m²)	截面尺寸 (mm×mm)	预应力筋	跨度 (m)	活载 (kN/m²)	截面尺寸 (mm×mm)	预应力筋
12	5.0	400×800	8ϕ^S15.2	24	5.0	450×1600	18ϕ^S15.2
	10.0	400×1000	10ϕ^S15.2		10.0	500×1800	24ϕ^S15.2
15	5.0	400×1000	10ϕ^S15.2	27	5.0	500×1800	22ϕ^S15.2
	10.0	400×1200	14ϕ^S15.2		10.0	500×2000	28ϕ^S15.2
18	5.0	400×1200	12ϕ^S15.2	30	5.0	500×2000	24ϕ^S15.2
	10.0	450×1400	16ϕ^S15.2		10.0	500×2300	30ϕ^S15.2
21	5.0	450×1400	16ϕ^S15.2				
	10.0	500×1600	20ϕ^S15.2				

注：柱距均为 9m，楼板厚度 120mm，内支座加腋高度：12～15m 为 200mm，18m 为 250mm，21～24m 为 300mm，27～30m 为 400mm。

为纵坐标，绘制出一系列代表每一种特定结构造价与跨度关系的点，并将同一种结构形式而跨度不同的点连接，从而直观反映结构的造价随跨度的变化及不同结构的造价之间的关系曲线，如图 9-2。

1. 结构方案对造价的影响

1）跨度相同

相同跨度条件下（12～15m），PPCFB 的造价 C_p 低于 RCFB 的造价 C_R，$C_p/C_R = 92\% \sim 88\%$。从计算可知：PPCFB 的造价中材料耗量大大减少，采用 PPCFB 结构的综合经济效益大于 RCFB 结构。

2）跨度不同

总长度相同时，大跨度 PPCFB 造价高于小跨度 RCFB，跨数增加时，差距缩小。相同规模时，单跨 PPCFB 造价比双跨 RCFB 造价高 50%～100%，双跨 PPCFB 造价比三跨 RCFB 造价高15%～30%，三跨PPCFB结构造价比相同规模的四跨RCFB结构，造价高8%～15%。

部分预应力混凝土框架梁预算造价　　　表9-2

活荷载等级		5.0kN/m²		10.0kN/m²	
总跨度(m)	跨数×跨度	梁价(元/m²)	预应力筋价(元/m²)	梁价(元/m²)	预应力筋价(元/m²)
12	1×12	47.0	17.5	58.4	21.5
15	1×15	56.3	19.8	70.8	27.1
18	1×18	65.9	22.2	86.3	29.0
21	1×21	84.7	27.7	101.1	35.3
24	1×24	96.8	31.1	122.7	40.5
27	1×27	118.2	36.4	137.3	46.4
30	1×30	130.4	39.5	153.0	48.4
24	2×12	43.2	14.5	53.7	17.8
30	2×15	52.5	16.8	65.8	23.0
36	2×18	62.0	19.2	81.2	25.2
42	2×21	80.4	24.4	95.6	31.1
48	2×24	92.4	27.8	116.7	36.0
54	2×27	113.4	32.9	131.1	41.7
60	2×30	125.6	36.1	146.7	43.8
36	3×12	42.0	13.5	51.8	16.2
45	3×15	51.3	15.9	63.7	21.2
54	3×18	60.8	18.3	79.0	23.3
63	3×21	79.0	23.4	93.4	29.2
72	3×24	91.2	26.9	114.2	34.1

注：本表预算造价仅为工程量清单价格，按楼面面积计算。

钢筋混凝土框架梁预算造价　　　表9-3

跨数×跨度(m)	1×6	1×12	1×15	2×6	2×12	2×15
梁预算造价(元/m²)	32.0	51.1	73.5	28.8	46.0	66.2

注：活荷载5.0kN/m²。

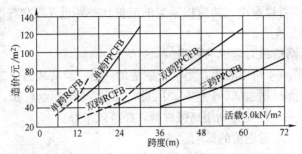

图 9-2　各种框架梁造价随跨度的变化曲线

2. 跨度对造价的影响

各种结构的造价随跨度增大而提高，且近似成线性关系，相比之下，单跨直线的斜率最大，说明单跨结构的造价随跨度的增大而提高较快，双跨次之，三跨最慢。从单跨曲线可以看出，当跨度>18m（对活载 $5kN/m^2$）～21m（对活载 $10kN/m^2$）时，造价增加较快。这表明框架结构考虑其经济性，应当有适宜的跨度，对 PPCFB 为 12～20m。

3. 跨数对造价的影响

从图 9-3 可以看出，双跨结构的造价明显低于单跨，三跨更低，说明跨数增多，造价可以下降，而且多跨连续结构的工作性能也优于单跨结构。为了更清楚地反映这种变化，我们以跨度相等时横坐标相同，给出造价与跨数关系的比较曲线，如图 9-3。

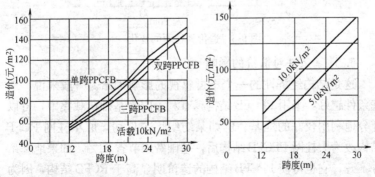

图 9-3　造价随跨数的变化　　图 9-4　造价随活荷载的变化

从图9-3可以看出,两跨框架梁的造价比单跨低7%左右,三跨则低10%左右。

4. 活荷载对造价的影响

从图9-4可以看出,当活荷载增加一倍(总荷载的1/3),结构的造价只增加25%左右,因此,对于重载工业厂房,采用PPCFB将更能充分利用高强材料,经济效果好。

5. 柱距对造价的影响

结构跨度相同,柱距的增大使框架梁的造价相应增加,但柱距的增大,使框架梁覆盖面积增加更快,因而,造价随柱距的增大而降低。从图9-5可以看出,相同跨度时,柱距增大50%,造价可降低约25%。

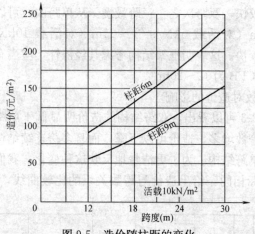

图9-5 造价随柱距的变化

6. 地基条件对造价的影响

这是结构经济性的一个不可忽视的影响因素。一般来说,地基条件越好,采用PPCFB结构越有利,因为基础荷载集中,可以充分地利用较好的地基。例如某纺织厂主厂房,原小柱网RCFB结构改为大柱网PPCFB结构后,基础费用节省24%。如果地基条件不好,它也可使PPCFB结构的造价明显高于RCFB结构,因为采用小柱网RCFB结构时,它还可能适用简单的基础形式,因而造价降低，但采用大跨度 PPCFB 结构时，由于柱网尺寸大，基础荷载相对集中，本来简单的基础形式就可能不能满足要求，而必须进行地基处理或做复杂基础，从而使造价增高。当然，地基条件变化较大，影响不一，限于篇幅，本文不作进一步分析。

7. 结构造价与总造价的关系

从调查情况看来，目前一般多层框架结构工业厂房的土建造价为 700～800 元/m²。其中，上部结构造价（板、梁、柱）占 40%～55%，基础占 10%～15%。由此分析前述各种影响结构造价的因素，可以看出，由于结构方案不同而使 PPCFB 结构造价高于 RCFB 结构的情况下，其中影响最大的是跨度，即将小跨度 RCFB 改为大跨度 PPCFB 结构时，上部结构的造价增加 10%～25%，如果考虑上部结构（梁、板、柱）造价占总造价的 50%，则化为对总造价的影响也就是（10%～25%）×50%＝5%～12.5%。如果考虑由于少设柱而提高面积利用率，则在满足同样工艺要求的条件下可以减少建筑面积约 6%～10%，则总造价有可能持平或略有增减。事实上，目前一般多层工业厂房的建筑装修要求越来越高，结构造价所占建筑总造价的比例相对减小，因此由于结构方案不同对总造价的影响更小。

8. 技术水平对造价的影响

结构设计人员的技术熟练程度和经验，当地的预应力施工条件和经验，以及预应力材料供应情况等都对造价有较大的影响。

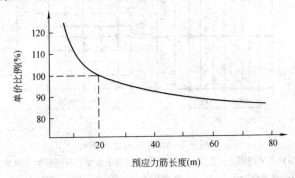

图 9-6 预应力筋长度与预应力施工单价的变化关系

9. 预应力筋长度对施工造价的影响

预应力工程的施工造价中，材料费所占的比例较大（约65%），其中主要材料由预应力钢材、锚具和波纹管等组成。预应力筋长度越短，锚具用量越多，预应力施工单价越高。从图9-6中可知，以预应力筋长度为20m时的单价为100%，小于20m时其单价急剧上升；大于40m时其单价降低反而缓慢，这是因为预应力筋长度增加，其施工难度也在增加。

9.3 经济分析示例

9.3.1 预应力混凝土框架梁经济比较

今有一座工业厂房，其平面尺寸为36m×54m，计3层。柱网尺寸为12m×9m，横向3跨，纵向6开间。恒载4.0kN/m²，活载10.0kN/m²。该工程楼盖结构方案，在柱网不变的情况下，可选用普通混凝土主次梁方案和预应力混凝土主梁普通混凝土次

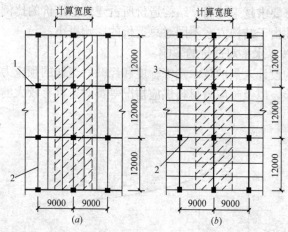

图 9-7 结构方案平面图
(a) 普通混凝土主次梁；(b) 预应力混凝土主梁、普通混凝土次梁
1—普通混凝土主梁；2—普通混凝土次梁；3—预应力混凝土主梁

梁方案,试进行经济评价。

楼盖结构布置见图 9-7。普通混凝土方案的主梁沿纵向布置,跨度为 9m;次梁沿横向布置,跨度为 12m。预应力混凝土方案的主梁沿横向布置,跨度为 12m;次梁沿纵向布置,跨度为 9m。该工程主次梁的截面尺寸、楼盖折算厚度等,见表 9-4。

两种楼盖结构方案比较 表 9-4

项　目	普通混凝土方案	预应力混凝土方案
主框架梁跨度(m)	9	12(预应力)
主框架梁截面(mm)	400×1100	400×1050
框架连梁、次梁跨度(m)	12	9
框架连梁截面(mm)	350×1050	300×700
次梁截面(mm)	300×1050	250×700
板厚(mm)	120	120
楼盖折算厚度(mm)	254	215

为便于直接进行经济比较,针对上述二种楼盖方案,分别计算其内力和配筋,取 3×12m×9m 单元,参照江苏省建筑工程单位估价表(2001 年)并结合 2006 年市场价得出主次梁工程量清单价,列于表 9-5。

从表 9-4 可以看出预应力方案的楼盖折算厚度比普通混凝土方案减少 39mm,也就是说节省楼盖混凝土 15%,减轻了结构重量。

从表 9-5 可以看出预应力方案的主次梁工程量清单价格比普通混凝土方案可节约 13.0%,具有明显的经济效益。

通过上述经济分析认为:活荷载大的多跨 12m 框架梁采用预应力方案是比较经济的。该工程普通混凝土方案 9m 跨的主梁虽然配筋过关,但 12 跨的次梁显得笨重,导致经济效果较差。所以,对重荷载的多跨 12m×9m 柱网,不论普通混凝土结构如何布置,其经济效果总比预应力方案要差些。

两种楼盖主次梁工程量清单价格 (3×12m×9m 单元) 表 9-5

项目	单位	普通混凝土方案			预应力混凝土方案		
		数量	单价	合价	数量	单价	合价
钢筋	t	9.53	4200	40026	7.08	4200	29736
预应力筋	t	/	/	/	0.48	14000	6720
混凝土	m³	48.6	300	14580	35.8	335	11993
模板	m²	325	36	11700	257	36	9252
合计	元			66306			57701

9.3.2 预应力梁式钢屋盖结构技术经济比较

某工程大跨度屋盖结构，在建筑方案确定采用梁式钢屋盖结构体系之后，初步选择梭形空间钢桁架、预应力梭形空间钢桁架和张弦梁等三种屋盖结构进行技术经济比较。

1. 技术分析

1) 梭形空间钢桁架采用倒三角形截面，桁架形状两端尖中间大。其上下弦曲线形状与梁的主应力迹线相近，弦杆跨中和两端的杆件内力相差不大，各杆件受力比较合理。

2) 预应力梭形空间钢桁架是将预应力索穿入抛物线形的下弦管内，既能避免廓外布索影响建筑净空，又在下弦及部分腹杆内产生与使用荷载作用下相反的应力分布，对上弦的增载也很小；在预应力作用下结构可产生反拱主动控制结构的挠度。

3) 张弦梁结构是新型杂交屋盖结构形式，通过撑杆将拱（梁）和索杂交而成。这种结构充分发挥了拱形结构的受力优势，同时充分利用索材的高抗拉强度，使结构形式简洁、受力合理、施工快捷。

2. 经济比较

东南大学预应力研究所对这三种屋盖结构体系进行经济分析。跨度从 20~150m 分为 10 种跨度形式，桁架间距为 15m，首先进行结构计算；然后根据现行预算定额、费用标准并考虑市场价格因素，得出三种屋盖结构造价曲线。图9-8列出3种屋盖结构形式在20～60m跨度的造价曲线。

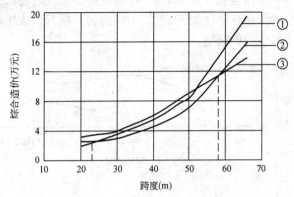

图9-8　20～60m跨度造价曲线
①—普通梭形空间桁架；②—预应力梭形空间桁架；③—张弦梁

从图9-8可以看出，3种结构形式在20～60m跨度内出现了交点。采用指数曲线拟合了3种结构形式20～60m跨度范围内的曲线形式。

梭形空间桁架结构的价格
$$C=0.5473e^{0.0569x} \qquad (9-1)$$

预应力梭形空间桁架结构的价格
$$C=0.5998e^{0.0517x} \qquad (9-2)$$

张弦梁结构的价格
$$C=1.0442e^{0.0442x} \qquad (9-3)$$

式中　C——屋盖结构造价（万元）；

　　　x——屋架跨度（m）。

通过上述公式计算，可以求得3种曲线形式的交点位置。梭形空间桁架和预应力梭形空间桁架在22.3m处价格相等。预应力梭形空间桁架与张弦梁结构在58.4m处造价相等。因此，可以认为跨度小于25m是普通空间梭形桁架的经济跨度；跨度25～60m是预应力梭形桁架的经济跨度；跨度大于60m是张弦梁结构的经济跨度。

从图 9-9 可以看出，预应力梭形空间桁架在跨度大于 40m 时，其节省价格也趋于稳定，约 17％；张弦梁在跨度大于 60m 时，其节省价格百分比趋于稳定，约 34％。最后，该工程选用预应力梭形空间钢桁架。

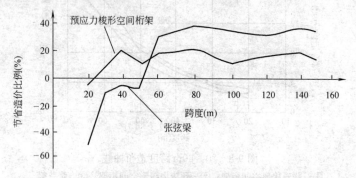

图 9-9 预应力梭形空间桁架和张弦梁对比普通梭形空间桁架节省造价百分比曲线

主要参考文献

1. 美国后张预应力学会（PTI）编．华东预应力中心译．后张预应力手册．南京：东南大学出版社，1990
2. 林同炎著，路湛沁等译．预应力混凝土结构设计．北京：中国铁道出版社，1983
3. 美国 BENC. GERWICK，JR. 著．黄棠等译．预应力混凝土结构施工（第二版）．北京：中国铁道出版社，1999
4. 华东预应力中心．现代预应力混凝土工程实践与研究．北京：光明日报出版社，1989
5. 杨宗放，方先和．现代预应力混凝土施工．北京：中国建筑工业出版社，1993
6. 郭正兴，李金根等．建筑施工．南京：东南大学出版社，2000
7. 陆赐麟等．现代预应力钢结构．北京：人民交通出版社，2003
8. 建筑施工手册编写组．建筑施工手册（第四版）第二册．北京：中国建筑工业出版社，2003
9. 江正荣，杨宗放．特种工程结构施工手册．北京：中国建筑工业出版社，1998
10. 冯大斌，栾贵臣．后张预应力混凝土施工手册．北京：中国建筑工业出版社，1999
11. 郭正兴．高耐腐蚀预应力筋材料研制的新进展．建筑技术，2005（4）7：308～309
12. 柳州欧维姆机械股份公司．OVM 预应力产品样册，2006
13. 中国建筑科学研究院．QVM 预应力锚固体系，2003
14. 威胜利工程有限公司・VSL 建筑产品系列，2002
15. 李东彬等．无粘结预应力筋用球墨铸铁一体化锚固体系．建筑科学，2004（4）：18
16. 杨宗放，凌毅．液压千斤顶校验方法的试验研究．建筑技术，1984

(1)：33~34
17 汉晋德等. 平板千斤顶在澳门观光塔工程中的应用. 施工技术, 2001 (7)：33
18 郝发领. 扁千斤顶在核安全壳临时洞口封闭时的应用. 施工技术, 2004 (7)：46~48
19 杨宗放. 曲线预应力筋锚固损失计算. 建筑结构, 1988 (4)：14~16
20 马世良, 杨宗放. 多层现浇预应力混凝土框架结构张拉顺序探讨. 施工技术, 1991 (4) 11~13
21 张大长, 吕志涛. 用柱中纵筋和箍筋代替锚固区网片局部承压研究. 建筑结构, 1999 (8)：3
22 孟少平, 周明华. 配有大曲率预应力筋的结构设计与施工问题探讨. 建筑技术, 2002 (12)：823
23 唐小萍等. 真空辅助灌浆工艺在预应力混凝土结构中的应用研究. 第六届后张预应力学术交流会论文集, 2002
24 熊小林. 缓粘结预应力体系施工工艺研究. 东南大学硕士论文
25 仝为民, 张然等. 现浇预应力空心板的应用. 建筑技术开发, 2003 (5)：12~14
26 杨文. 大跨度无粘结预应力现浇空心无梁楼盖的设计与施工. 建筑施工, 2003. 6
27 仝为民, 范业庶. 预应力现浇空心板在框架—核心筒高层建筑中的应用. 建筑技术开发, 2005 (12)：12~13
28 刘亚非. 预制预应力混凝土装配整体式房屋结构的施工实践. 江苏建筑, 2002. 9
29 邢孝仪, 杨华雄等. 整体预应力装配式板柱建筑在我国20年. 预应力技术应用40周年纪念文集, 1996
30 董化宇, 杨宗放等. 珠海口岸地面层大面积无粘结预应力混凝土平板施工. 建筑技术, 1999 (12)
31 李金根, 李维滨等. 南京国际展览中心超长大面积预应力楼面施工. 建筑技术, 2000 (12)：810
32 张玉明, 孟少平等. 南京奥体大平台预应力施工有关问题的探讨. 施工技术, 2005 (7)：13~15
33 顾寅. 双圈环绕无粘结预应力混凝土衬砌施工. 施工技术, 2001 (7) 15~16

34 蓝师禹等. 济南污水处理厂蛋形消化池双向曲线预应力施工. 建筑技术, 1994 (6): 353~355

35 高吉恒等. 蛋形消化池双向曲线无粘结预应力施工. 建筑技术, 2000 (12): 835~836

36 龚振斌. 核电站安全壳预应力工程. 第七届后张预应力学术交流会论文集, 2002

37 魏建国. 田湾核电站安全壳倒U形预应力钢束整体穿束技术. 建筑技术, 2003 (12): 899~900

38 魏建国. 田湾核电站安全壳预应力张拉技术. 建筑技术, 2005 (4): 264~267

39 程志斌. 大亚湾900Mwe核电站安全壳预应力孔道灌浆试验. 建筑技术, 1994 (6)

40 杨宗放, 郭正兴. 钢结构预应力施工的发展与创新. 施工技术, 2002 (11): 1~3

41 吕志涛, 舒赣平. 北京西客站主站房45m预应力钢桁架设计与施工. 建筑技术 1997 (3): 164~166

42 王龙, 杨宗放. 广州东方宾馆会展中心大跨度预应力钢桁架设计与施工. 建筑技术, 2003 (12), 888~890

43 张晋, 郭正兴. 湖南省政府新机关院办公楼索托结构张拉技术. 施工技术, 2004 (7): 13~15

44 陈申一, 郭正兴. 下弦管内预应力梭形空间桁架结构施工分析. 施工技术, 2005 (7): 10~12

45 张耀康, 冯健. 深圳游泳跳水馆预应力钢棒张拉技术. 施工技术, 2002 (7): 12~14

46 张晋, 冯健. 天津泰达会展中心展厅拉索张拉技术. 建筑技术, 2003 (12): 891~893

47 武雷, 陶礼芸. 预应力钢结构斜拉索的挂索与张拉方法探讨. 施工技术, 2004 (7): 12~14

48 李维滨, 高飞. 超长大跨度预应力张弦桁架结构施工. 施工技术, 2003 (7): 12~14

49 石开荣, 郭正兴. 预应力钢结构施工的虚拟张拉技术研究. 施工技术, 2006 (3): 16~18

50 郭正兴, 石开荣. 武汉体育馆索承网壳钢屋盖预应力拉索施工. 施工

技术，2006 (12)：51~53
51 葛家琪，张国军. 弦支穹顶预应力施工过程仿真分析. 施工技术，2006 (12)：10~13
52 王煦，娄峰等. 广东省博物馆新馆钢结构工程施工技术. 施工技术 (12)：74~77
53 杨群，王蕊等. 国家体育馆双向张弦钢屋盖施工技术. 施工技术，2006 (12)：20~22
54 罗明贵等. 广州白云机场飞机库钢拱结构张拉成型法. 建筑技术，1999 (12)：858~859
55 易成，徐江涓. 预应力钢结构技术在海航机库中的应用. 建筑技术，2003 (7)：520~522
56 杨宗放. 试论推广现代预应力混凝土结构的综合经济效益. 建筑技术，1990 (3)：4~7
57 张士昌，郭正兴. 梁式钢屋盖结构体系造价曲线研究. 施工技术，2005 (7)：49~51
58 娄峰. 预应力混凝土框架结构体系综合技术经济评价. 东南大学硕士论文，2005